普陀宗乘之庙
历史与建筑研究

河北省古代建筑保护研究所　编

董　旭　著

科学出版社

北　京

图书在版编目（CIP）数据

普陀宗乘之庙历史与建筑研究 / 董旭著；河北省古代建筑保护研究所编. —北京：科学出版社，2019.10

ISBN 978-7-03-062679-0

Ⅰ.①普… Ⅱ.①董… ②河… Ⅲ.①外八庙 – 宗教建筑 – 建筑艺术 – 研究 – 承德 Ⅳ.①TU-098.3

中国版本图书馆CIP数据核字（2019）第233674号

责任编辑：吴书雷／责任校对：王晓茜
责任印制：肖　兴／书籍设计：北京美光设计制版有限公司

科学出版社 出版
北京东黄城根北街16号
邮政编码：100717
http://www.sciencep.com

北京华联印刷有限公司 印刷
科学出版社发行　各地新华书店经销

*

2019年10月第 一 版　开本：787×1092　1/16
2019年10月第一次印刷　印张：16 1/2　插页：1
字数：380 000

定价：258.00元
（如有印装质量问题，我社负责调换）

　　本书是董旭博士在其博士毕业论文基础上，经多次修改完善而成，即将付梓出版。

　　普陀宗乘之庙作为承德避暑山庄及周围寺庙世界文化遗产的重要组成部分，蕴含着弥足珍贵的历史文化信息，且相关历史文献资料颇多。时值董旭博士参加2011年至2016年普陀宗乘之庙修缮工程的设计和施工工作，期间搜集整理历史文献并真实触摸研究对象，获取了一手技术数据，此书是在文献研究和文物保护实践相结合的基础上编著的一部专项研究成果。

　　普陀宗乘之庙，建于乾隆三十二年（1767）至乾隆三十六年（1771），是我国传统建筑营建技术和思想发展广泛集成的重要作品。此书通过对相关文献资料的整理分析，系统回顾了普陀宗乘之庙肇建工程的全部过程和寺庙250多年的沧桑历史，并着重描述了寺庙的肇建缘由，对建筑原状进行考证，力求对寺庙营建过程做到深入的全案研究。同时，结合普陀宗乘之庙修缮工程，着力对普陀宗乘之庙选址、现状布局和建筑特色进行了比较全面的分析研究，在此基础上与其仿建原型西藏布达拉宫及同时期其他建筑进行对比分析，评估了普陀宗乘之庙的建筑技术成就。

　　本书在对普陀宗乘之庙营建过程、历史演变、建筑现状等方面进行系统研究的同时，进一步对中国仿建营造艺术思想进行了探讨，这对阐释清代官方营造理念具有积极作用。承德避暑山庄和周围寺庙，是我国重要的建筑瑰宝，需要我们不断地去研究解读。期待随着《普陀宗乘之庙历史与建筑研究》一书的出版，能有更多的人关注和研究承德避暑山庄和周围寺庙，深入了解中国古代的营造思想和技艺。

张克贵

2019年10月

第一章　普陀宗乘之庙历史研究

第二章　普陀宗乘之庙总体布局

第三章　普陀宗乘之庙建筑特色

第四章 普陀宗乘之庙比较研究

附录

第一章

普陀宗乘之庙历史研究

第一节
承德避暑山庄与周围寺庙

一、承德市地理、气候环境

承德避暑山庄与周围寺庙，位于河北省承德市中心以北的狭长谷地，是中国现存最大的古代帝王范围和皇家寺庙群，是集中国古代建筑艺术和造园艺术之大成者。研究避暑山庄与周围寺庙，首先必须了解其所处地的自然环境，唯有将研究对象放到这样一个大的背景中去研究，才能够切实地从整体上对研究对象有一个宏观上的把握。

（一）地理概貌

承德市位于河北省东北部，地处北纬40°11′至42°40′，东经115°54′至119°15′之间，全市行政面积约3.95万平方公里，市辖区面积约700平方公里，承德市区距首都北京约250公里，是华北与东北地区连接的过渡地带。承德市总的地形趋势是北高南低，地貌形态为中低山——低中山型，由于淋溶风化呈"丹霞"地貌景观。山地中分布着狭长的山间谷地，以东西走向的滦河河谷和南北走向的武烈河河谷最为宽阔平坦。

承德市区坐落在武烈河河谷两岸，"上承固都尔呼河、茅沟河、赛音河，三水合而南流入滦河。热河西境为避暑山庄，东北境钓鱼台、黄土坎，北境张三营，并建行宫。伊逊河从府西北境围场入，南行入丰宁县界，又西南经滦平县界入滦河，东流入府西南境，至山庄南，北会热河，东南行，又西会前白、柴、柳诸河，东会老牛河，东南流至门子哨，入迁安县界。山则磬锤、罗汉、天桥、五指之秀拱于东，风云、广仁之胜环于西，僧冠峰、青松、凤凰诸岭屏于南，狮子岭、大黑山枕于北，流峙巨观，咸归襟带，至于营哨，星罗屯聚鳞次，一州五县左右拱翼，披图揽胜，可得其概焉"[①]（图1-1）。

①（清）和珅、梁国治编撰：《钦定热河志》，天津古籍出版社，2003年，第1983页。

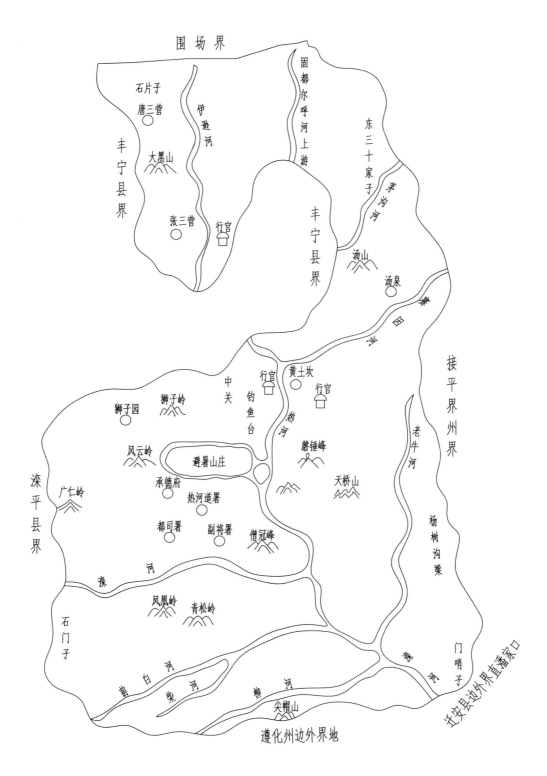

图1-1　承德府全境图

(来源：据《钦定热河志》所载《承德府全境图》绘制)

（二）气候特征与物产资源

承德地区地势西北高，东南低，属燕山山地中低山区，气候属中温带向暖温带过渡区，四季分明，春季干燥多风，夏季雨水集中，秋季晴朗凉爽，冬季寒冷少雪。年平均气温5～9摄氏度，夏季最高温度大于或等于30摄氏度的平均日数仅37.4天，全年无霜期160～170天，是长城以北热量较充足的地区。年平均降水量450～850毫米，冬、春、秋三季以西北风频率最高，夏季以偏南风频率最高，受山谷地形影响，全年约46%的时间处于静风状态。

承德地区各类自然资源较为丰富。全市入境水资源主要有滦河、武烈河、柳河、伊逊河及老牛河等，年平均入境水量约为13.7亿立方米，从承德市区穿过的武烈河年平均径流量2.17亿立方米。林地面积约280万亩，森林的覆盖率达47%，草场面积约2700万亩，各种野生植物达500多种，野生动物370多种。承德地区以丹霞地貌为主，磬锤峰、蛤蟆石、双塔山、元宝山、半壁山、天桥山、象鼻山、僧帽山、罗汉山等是承德地区著名的丹霞地貌景观。

综上文对承德地区山川地貌、气候环境、物产资源等情况所述，可知：

其一，承德位于河北省的北部，北京的东北，长城古北口、喜峰口以北，其"北压蒙古，右引回回，左通辽沈，南制天下"[1]，且"惟兹热河，道近神京，往来无过两日"[2]。清代康熙帝将"夏宫"建在承德，与其特殊的地理位置密不可分。

其二，承德地区资源丰富，物产丰饶，避暑山庄及周围寺庙的日常生活需要大量的物资支撑，清代将"夏宫"选建在承德，其丰富的物质资源也是考虑的重要因素。

其三，承德市区自然环境优美，"金山发脉，暖溜分泉；云壑淳泓，石潭青霭。境广草肥，无伤田庐之害；风清夏爽，宜人调养之功。自天地之生成，归造化之品汇"[3]。另外，丰富的森林资源为修建避暑山庄及周围寺庙提供了最基本的建筑材料。优美的自然环境，丰富的森林资源，也是清代将承德选为第二个政治中心的重要因素。

其四，承德市具有地缘优势。其南为农耕区，北为游牧区，地处农牧的交界地带，是农耕和游牧两种文化的交集地，承德市的地缘优势有利于清代统治者实现"合内外之心，成巩固之业"[4]的政治目的。

① 金毓黻辑：《辽海丛书》（第一集），《滦阳录》，辽沈书社，1985年，第9页。
② 康熙五十年（1711）《御制避暑山庄记》。
③ 康熙五十年（1711）《御制避暑山庄记》。
④ 乾隆二十九年（1764）《永佑寺舍利塔碑记》。

二、承德的历史变迁

（一）承德历史沿革

承德历史悠久，早在3~5万年之前就有人类活动①。但在漫长的历史时期内，商代以前，关于其建置设置并无文字可考，商代后，今承德境域始有文字记载。此后，在朝代不断更替、社会不断发展的历史进程中，隶属不断变化。秦以前，承德先后隶属商、西周、战国时期的燕国，秦行郡县制后，今承德境域始列入郡制辖属。秦末汉初，今承德境域开始并入北方少数民族匈奴、乌桓、鲜卑等建立的政权属地。隋代，隶属库莫奚聚居的州县。唐、宋时期，境内被契丹建立的辽、女真族建立的金等先后占据，列入其辖属道、州、县。元代，蒙古族建立政权，今承德境域划入其管辖。明代，今境域分别为不同州、卫辖管。清代，雍正元年（1723），设立热河厅。雍正十一年（1733），正值康熙八十诞辰，为了缅怀康熙，雍正帝仿康熙帝在康熙三年（1644）取承受先祖德泽之意将奉天改为"承德"之先例的做法，将热河改名为承德，改热河厅为承德州。今名"承德"由此而来。"中华民国"和中华人民共和国时期至1988年，一直为单独市、县建置，到1988年末，改为承德市下属区、县的建置。②

（二）承德在清代的兴起

综上所述，无论是在考古学还是历史文献记载上，承德在历史发展上始终有人类活动，但是在清朝以前，承德始终处于中原各王朝统治中心与游牧民族隔离带的位置。在清代兴建避暑山庄之前，承德"跸路之际，人烟尚少"③，"名号不掌于职方，形胜无闻于地志"④，为"自古关塞以外，荒略之区也"⑤。承德作为一个城市，是随着清代避暑山庄及周围寺庙的兴建而逐渐形成和发展起来的。避暑山庄建立之后，清朝皇帝几乎每年都到此居住，随皇帝来的王公大臣，以及来此觐见皇帝的少数民族贵族纷纷围绕避暑山庄兴建府邸，嘉庆十三年（1808）八月初三日《办理军机处为和珅福长安热河两间房抄产变卖拆售事致热河道奇明札文》载，当时查抄和珅和富察·福长安在承德的房屋就有121间⑥。随着承德政治中心的

---

① 位于承德市平泉县党坝镇的化子洞遗址，为旧石器时代晚期遗存。
② 承德市地方志编纂委员会编纂：《承德市志》，新华出版社，2009年，第89页。
③ （清）和珅、梁国治编撰：《钦定热河志》，天津古籍出版社，2003年，第4页。
④ 康熙五十三年（1714）《御制溥仁寺碑记》。
⑤ 乾隆四十四年（1779）《热河文庙碑记》。
⑥ 中国第一历史档案馆、承德市文物局合编：《清宫热河档案》第11册，中国档案出版社，2003年，第44页。

确立，在一定程度上也刺激了承德商业的发展，商贩蜂拥至此开立商铺，经营生意，在当时形成了二道牌楼、三道牌楼等主要的商业区。乾隆四十五年（1780）行至热河的朝鲜文人朴祉源在其《热河日记》一书中这样描述："既入热河，宫阙壮丽。左右市厘连互十里，塞北一大都会也。"[①]

三、避暑山庄及周围寺庙概况

（一）避暑山庄

避暑山庄坐落于承德市北部，肇建时间为康熙四十二年（1703）至乾隆五十七年（1792）[②]，经过九十年的相继营建，形成了占地500多万平方米的园林建筑群（图1-2）。

避暑山庄的营建，主要集中在两个阶段。第一阶段，从康熙四十二年（1703）至康熙五十二年（1713），开拓湖区、筑洲岛、修堤岸，随之营建宫殿、宫墙等，在这一时期，完成了康熙以四字题名的"三十六景"，避暑山庄初具规模。第二阶段，从乾隆六年（1741）至乾隆十九年（1754），乾隆皇帝对避暑山庄进行了大规模扩建，完成了乾隆以三字题名的"三十六景"，与康熙时期的"三十六景"合称为避暑山庄"七十二景"。

避暑山庄主要分为宫殿区、湖泊区、平原区、山峦区四大部分。

宫殿区位于湖泊南岸，南邻承德市区，地形平坦，占地约10.2万平方米，是皇帝处理朝政、举行庆典和生活起居的地方，主要由正宫、松鹤斋、东宫三组建筑群组成。正宫为宫殿区中路建筑群，正对山庄丽正门，是宫殿区的主体建筑群。正宫包括九进院落，分为"前朝"、"后寝"两部分。"前朝"和"后寝"两部分以十九间照房为界，南为"前朝"部分，主殿"澹泊敬诚"殿，是用珍贵的楠木建成，因此也叫楠木殿；北为"后寝"部分，主殿为"烟波致爽"殿，清帝平常均在此居住，"烟波致爽"殿与其两侧的书屋及围房为康熙三十六景的第一景。松鹤斋为正宫东面并与之平行的一组建筑群，建筑布局与正宫相似，宽度和长度均为正宫的三分之二，规模相对较小，乾隆十四年（1749）修建，以供皇太后、嫔妃等居住。该组建筑共有八进院落，以十五间照房为界分为前、后两个部分，前部主殿"松鹤斋"大殿，面阔七间，前后廊，单檐卷棚硬山顶，乾隆将此处题为三十六景之第三景，嘉庆十一年（1806）改名为含辉堂。"松鹤斋"殿之后为绥成

---

① （朝鲜）朴祉源著，朱瑞平校点：《热河日记》，上海书店出版社，1997年，第125页。
② 关于避暑山庄肇建时间存在多种说法，本文此说取于刘玉文《避暑山庄初建时间及相关史事考》，《故宫博物院院刊》2003年第4期，第23~29页。

图1-2 避暑山庄总图

（来源：《钦定热河志》）

殿，乾隆五十七年（1792）改名继德堂，面阔七间，前后有廊，单檐歇山卷棚顶。北半部分主殿为乐寿堂，为皇太后寝宫，嘉庆十一年（1806）改名悦性居。乐寿堂北为畅远楼，再北为垂花门和万壑松风。东宫位于正宫的东面，地势低于正宫和松鹤斋两组建筑群。该组建筑群正对德汇门，从南至北依次为德汇门、前殿、清音阁、福寿阁、勤政殿、"卷阿胜境"殿等，北端直达湖区。该组建筑群于1945年全部烧毁，现存"卷阿胜境"殿为1979年重建。

湖泊区在宫殿区的北面，是避暑山庄的重要风景区，避暑山庄七十二景有三十一景在湖泊区。湖泊区水源主要为引入的武烈河水，面积（包括州岛）约占4.3万平方米，8个小岛屿将湖面分割成大小不同的区域，按照位置及形状等命名为如意湖、澄湖、上湖、下湖、镜湖、银湖、内湖、半月湖等。湖区建筑组群众多，按照所处位置可以分为东、中、西三个部分。东部主要的建筑群有水心榭、戒得堂、汇万总春之庙、清舒山馆、文园狮子林、金山等，中部的建筑群主要有月色江声、如意洲、烟雨楼等，西部的建筑群主要有芳园居、芳渚临流、长虹饮练、临芳墅、知鱼矶等。这些建筑群布置在湖山之间，"点缀掩映，衬以长堤蜿蜒，湖水澄澈，翠柳垂波，红莲嫋娜，使整个湖山情趣横溢、景色万千"[①]。

平原区位于湖区北部，西北山峦的脚下，地势平坦开阔，占地约60.7万平方米，主要由万树园和试马埭组成。万树园象征蒙古族放牧的草原，乾隆帝经常在此举行宴会，接见少数民族王公及外国使节。试马埭位于万树园的西南，是清帝用来挑选骏马的地方。在平原区也存在不少的建筑群，现多已毁坏，永佑寺舍利塔是平原区现保存较为完好的建筑。

山峦区在山庄的西北部，面积约443.5万平方米，约占全园的五分之四。这里山峦起伏，沟壑纵横，主要由榛子峪、松林峪、梨树峪、松云峡四条沟壑组成，众多建筑星罗棋布于山谷中，若隐若现，实为"山庄"之突出写照。在山峦区一共有四十余处建筑，现大部分已塌毁，仅存基址。

（二）周围寺庙

在避暑山庄东面和北面的山麓，分布着宏伟壮观的寺庙群。武烈河东岸自南向北依次为溥仁寺、溥善寺（已毁）、普乐寺、安远庙四座庙宇，山庄北部从东至西依次为广缘寺、普佑寺、普宁寺、须弥福寿之庙、普陀宗乘之庙、殊像寺、罗汉堂、广安寺等八座庙宇，共计十二座（图1-3）。据《热河园庭现行则例》载："普佑寺一庙系附入普宁

---

① 天津大学建筑系、承德市文物局编著：《承德古建筑》，中国建筑工业出版社，1982年，第36页。

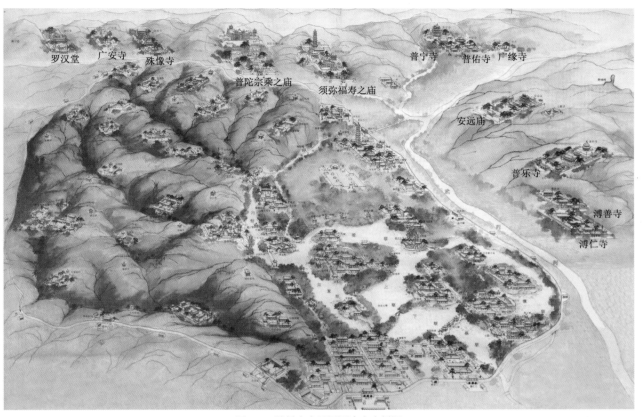

图1-3　避暑山庄及周围寺庙全景图

（来源：承德市文物局）

寺……罗汉堂、广安寺、普乐寺：此三庙向未安设喇嘛。"[1]其余八座寺庙为直属理藩院的庙宇，因承德地处北京和长城以外，故将这八座寺庙称为"外八庙"。现沿用此称，泛指避暑山庄周围的十二座庙宇。"外八庙"以汉式宫殿建筑为基调，吸收蒙、藏、维等民族建筑艺术特征，创造了中国多样统一的寺庙建筑风格。

溥仁寺、溥善寺

建于康熙五十二年（1713），是承德"外八庙"中兴建最早的寺庙。康熙五十二年，适逢康熙帝六十大寿，"众蒙古部落，咸至阙庭，奉行朝贺，不谋同辞，具疏陈恳，愿见刹宇，为朕祝厘"[2]。康熙允其所请，于是在热河建造了这两座寺庙，供蒙古诸部聚会庆

---

[1] 石利锋校点：《热河园庭现行则例》，团结出版社，2012年版，第395~397页。

[2] 康熙五十三年（1714）《御制溥仁寺碑记》。

寿使用，康熙帝取"寓施仁政于远荒"之意，分别题名为"溥仁寺"、"溥善寺"。

　　溥仁寺、溥善寺，位于承德市武烈河东岸，西望避暑山庄。两座寺庙相邻较近，因溥仁寺位于溥善寺西南侧，故又有"前寺"、"后寺"之称（图1-4、图1-5）。溥仁寺，坐北朝南，南北长约250米，东西宽约130米，占地面积32000余平方米，主要由主院、东跨院、西跨院三部分组成。主院为四进院落，建筑自南向北沿中轴线对称布置，平面布局为

图1-4　溥仁寺

（来源：《钦定热河志》）

"伽蓝七堂式"。第一进院落依次为山门、天王殿，两侧为钟楼、鼓楼；第二进院落正中为大殿"慈云普荫"殿，两侧为东西配殿；第三进院落正中为"宝相长新"殿，两侧分别为东西配殿及耳房，东北、西北以转角房与"宝相长新"殿相连；第四进院落的主要建筑为僧房。东、西跨院主要为僧人和看管寺庙人员的住所。溥善寺，建筑形制、布局基本与溥仁寺相同，建筑现已全部塌毁不存。

图1-5　溥善寺

（来源：《钦定热河志》）

普乐寺

位于避暑山庄东侧山麓的平缓高地上，建于乾隆三十一年（1766），该寺庙是供前来承德朝觐的哈萨克族、布鲁特族首领瞻礼的寺庙，寺名"普乐寺"乃取"后天下之乐而乐"之寓意。其主体建筑"旭光阁"为攒尖顶建筑形式，故又俗称"圆亭子"。

普乐寺，隔武烈河朝向避暑山庄，东方则遥对磬锤峰，坐东朝西，南北宽约92米，东西长约230米，占地面积21000余平方米，建筑面积3600余平方米（图1-6）。寺庙围墙两

图1-6 普乐寺

（来源：《钦定热河志》）

重，最外重周长约520米。寺庙由前、后两部分组成，前半部分为汉式传统寺庙布局，建筑排列依次为山门殿、钟楼、鼓楼、天王殿、角门（腰门4座）、宗印殿、南慧力殿、北胜因殿、僧房；后半部分为藏传佛教曼陀罗形式布局，主要由碑门殿、东门殿、南门殿、北门殿、群庑、阇城、旭光阁、风雨亭（6座）、通梵门等二十余座建筑组成。寺庙主体建筑为旭光阁，其外观极似北京天坛祈年殿，阁中须弥座上的"曼陀罗"上供铜制"上乐王佛"。阁内的天花藻井在"外八庙"诸寺中最为精美。

安远庙

建于乾隆二十九年（1764），仿新疆伊犁河北岸的固尔扎庙规制修建，故又俗称"伊犁庙"。固尔扎庙是厄鲁特蒙古规模最大的一座寺庙，远近牧民每年夏季都到此集会，顶礼膜拜，该庙于乾隆二十一年（1756）被民族分裂分子阿睦尔撒纳溃军烧毁。清军平叛后，有功的达什达瓦族全部迁住热河，乾隆帝遂命在武烈河东岸建造此庙，以给达什达瓦族提供佛事场所，寺庙落成后，成为了厄鲁特蒙古各部首领在热河的集会之地。

安远庙，位于普宁寺和普乐寺之间的阜岗上，坐东北朝西南，中轴线径对西南方向的避暑山庄，全庙平面为长方形，东西宽约146米，南北长约255米，占地37000余平方米（图1-7）。全庙分为三进院落，前部庭院开阔，后部紧凑。第一进为前后两座山门之间的院落，院落中央为一片广阔场地，是清代用来举行跳步踏等宗教活动的场所，两侧各有五间配殿，原为存放仪仗、经卷之所；院落正面及两侧原有三座棂星门，现已不存。第二进院落为二道山门至碑阁，院落空间较为狭小。第三进院落呈回字形，在四周围墙之内，是由64间相互联结的围房组成的一个正方形院落。这种以围房组成院落的形式，是藏传佛教寺庙中最常见的建筑布局，称为"嘛呢噶拉廊"[1]。现围房已不存，仅存遗址和围房正面中央的碑阁部分。围房正中偏后是普渡殿，外观四层，内实为三层，重檐歇山顶，黄剪边黑褐色琉璃瓦顶，是安远庙的主殿。在"外八庙"中，安远庙的建筑规模远比不上其他寺庙，但它完全打破了汉式寺庙坐北朝南的"伽蓝七堂式"传统布局，在风格上明显保留了原伊犁固尔扎庙的建筑风格，并同时巧妙地融入了汉、藏民族的建筑精华，从而使整个庙宇从布局、外观和建筑上都别具一格，引人瞩目。

---

[1] "嘛呢噶拉"一词的原意是指存放经卷的经文桶，这种木桶大多放在殿宇的四周，后来就把它做为寺庙的围墙。

图1-7 安远庙
（来源:《钦定热河志》）

广缘寺

建于乾隆四十五年（1780），是一座为表示对皇帝敬诚之意，由喇嘛个人出资建造的寺庙，乾隆题寺名为"广缘寺"。寺庙坐北朝南，占地面积4500余平方米。寺庙平面布局为汉式"伽蓝七堂"制，主要由山门、天王殿、大殿、佛楼（已毁）组成，北靠山岭，东、南、西三面为墙体围合（图1-8）。与其他寺庙相比，广缘寺等级较低，屋面不施用琉璃瓦件，而是使用等级较低的"黑活"瓦件。

图1-8　广缘寺

（来源：自摄）

普宁寺

　　建于乾隆二十年（1755），完成于乾隆二十三年（1758）。建造原因是：乾隆二十年清朝军队平定了准噶尔蒙古台吉达瓦齐叛乱，厄鲁特蒙古四部来避暑山庄朝觐乾隆皇帝，为纪念这次会盟，清政府依照西藏桑鸢寺的形式修建了此座寺庙。

　　普宁寺位于避暑山庄东北，占地33000平方米，坐北朝南，是一座汉藏建筑艺术风格巧妙结合的庙宇（图1-9）。该寺的平面布局有明显的南北向中轴线，以大雄宝殿为界，前半部是典型汉式"伽蓝七堂式"布局，主要建筑有山门、碑阁、钟鼓二楼、天王殿、东西配殿和大雄宝殿，后半部分为仿西藏桑鸢寺而建，为藏式曼陀罗形式布局，寺庙主体建筑大乘之阁建在后半部建筑的中心位置，阁内置高22.28米千手千眼观音菩萨木雕像，雕像比例匀称，雕工精细，是世界上现存最大的木雕像。

图1-9　普宁寺

（来源：《钦定热河志》）

普佑寺

建于乾隆二十五年（1760），适逢乾隆皇帝五十寿辰，其母皇太后七十寿辰，时又值清军出兵西北，平定了大小和卓木叛乱，遂建此庙纪念。普佑寺为喇嘛诵经的扎仓，由普宁寺住持代管，宗教生活附属于普宁寺，是承德喇嘛云集研习佛教经典的重要场所。

普佑寺，与普宁寺围墙相连，坐北面南，布局呈长方形，东西宽约59米，南北长约116米，占地面积6800余平方米（图1-10）。山门与普宁寺山门平行，面阔五间，进深三间，两侧设腰门。山门正北是大方广殿，面阔七间，进深五间，单檐庑殿顶。大方广殿前檐挂"妙相现庄严仁敷华梵，慧因资福德喜洽人天"楹联；殿内题额"大千功德"，挂"法演大乘妙因宗海藏，福覃诸界慈愿溥恒沙"楹联。殿前东西为配殿，组成一进院落。二进院落前为天王殿，面阔三间，进深一间，单檐歇山顶，两侧设腰墙、腰门。天王殿北为法轮殿，为寺内藏经楼，方形重檐攒尖顶，黄琉璃瓦顶，殿内供释迦牟尼鎏金铜佛。现殿内存放原罗汉堂一百余尊造型各异的罗汉像。法轮殿两侧为东西配殿，其后为"n"形经楼，两层，面阔十三间，硬山顶。1964年，普佑寺因雷击起火，大部分建筑被毁。

图1-10 普佑寺

（来源：《钦定热河志》）

须弥福寿之庙

建于乾隆四十五年（1780），是"外八庙"中建造最晚的一座寺庙。乾隆四十五年，时值乾隆皇帝七十岁大寿，后藏政教首领六世班禅额尔德尼要来避暑山庄祝寿，乾隆皇帝对此极为重视，为了隆重接待班禅，在承德特仿班禅所居的日喀则扎什伦布寺的形式，兴修此座庙宇，故又称"扎什伦布寺"或"班禅行宫"。

须弥福寿之庙，坐北朝南，依山就势，东西宽约120米，南北长约360米，占地面积约43000平方米（图1-11）。平面布局有清晰的中轴线贯穿南北，建筑呈平衡不对称式分

图1-11 须弥福寿之庙

（来源:《钦定热河志》）

布，大红台位于寺庙正中，将庙分隔成前、中、后三个部分。

过狮子沟上的五孔石桥，即为居于高台之上的南山门，单檐庑殿顶，是整座寺庙的正面入口。寺庙东南、西南角各置角白台一座，寺庙两侧另有东、西山门，形式同南山门而体量稍小。三座山门全部正对重檐歇山顶的碑阁，碑阁再北地势渐高，沿蹬道而上是一座三门四柱七楼式的琉璃牌楼。碑阁与琉璃牌楼，形成寺庙主体建筑大红台的前导和后续，更多地保留了汉族寺庙的传统手法。

过牌楼北上，即是须弥福寿之庙的主体建筑大红台。整个大红台群体建筑以"妙高庄严"殿为中心，周围绕以群楼及配置于四隅的小殿。十字对称，五顶耸立，大红台形成一个硕大的坛城，表现了浓厚的藏式建筑特点。大红台正面呈深红色，共三层，壁面上有真假相间的藏式梯形窗，窗上设琉璃垂花罩。大红台内部中央是一座三层重檐攒尖顶大殿，名"妙高庄严"殿，高28.8米，是六世班禅讲经的场所。"妙高庄严"殿顶部全部饰以鎏金鱼鳞铜瓦，四条脊上各有两条升降相反、栩栩如生的鎏金行龙。四周绕以三层群楼，共四百余间，群楼顶为广大的藏式平台，四隅各建有庑殿顶的护法神殿一座，殿脊分别装饰有孔雀和卧鹿吻饰。大红台东侧为二层御座楼，形式与大红台相仿而略小，仅外墙及门殿尚存。大红台外的西北角有一座方五间的二层屋殿，亦为鎏金瓦顶，名"吉祥法喜"殿，一楼是六世班禅的住所，楼上设佛堂、供桌等。大红台外的东北角、与"吉祥法喜"殿相对称位置，有"生欢喜心"殿遗址，原建筑规模及形制与"吉祥法喜"殿相似。大红台之北为"万法宗源"殿和金贺堂，是班禅弟子休憩之所。在寺庙最北建琉璃万寿塔一座，塔身呈绿色，八角七层，与其他建筑形成了鲜明的对比，既显得错落有致，又富于强烈的节奏感。

寺庙中后部，围绕万寿塔和"万法宗源"殿，分布东白台、东西方白台、东西曲尺白台等数座白台建筑，对中轴线建筑起到重要的烘托和强调作用。

主院以西为驼包院，以毛石围墙围护，是"以备存放班禅额尔德尼先遣二千驼包及其众喇嘛居住"[1]之用。驼包院南端中部原有一座白台建筑，台顶耸覆钵式塔一座，台体中部开设券门，是该院的主出入口，院内原有白台数座，现均已无存。

东山门外，原有白台数座，僧房若干间，现均已无存。

普陀宗乘之庙

乾隆三十二年（1767）至乾隆三十六年（1771）建成[2]，是"外八庙"中规模最大的一座庙宇，因仿拉萨布达拉宫而建，俗称"小布达拉宫"。乾隆三十五年（1770）为乾

---

① 军机处满文班禅寄信档1740，中国第一历史档案馆藏。
② 此说法源于《普陀宗乘之庙碑记》所载时间，关于寺庙建立的具体起止时间后文有详细论述。

图1-12　普陀宗乘之庙全图

（来源:《钦定热河志》）

六十大寿，乾隆三十六年（1771）为其母亲钮祜禄氏八十大寿，时至于此，乾隆皇帝以康熙皇帝六十寿辰建溥仁寺先例，借蒙古、青海、新疆、西藏等地少数民族王公首领来承德祝寿之机，仿西藏政教合一的权力统治中心和宗教圣地——布达拉宫兴建普陀宗乘之庙。庙名中"普陀"一词为梵文"Potalaka"的音译，与西藏布达拉宫梵名"Patala"同源，"普陀宗乘"意为观音菩萨的道场。

普陀宗乘之庙位于避暑山庄北侧狮子沟内，东邻须弥福寿之庙，西邻殊像寺，坐北朝南，占地22万余平方米，建筑面积7万余平方米，主体建筑位于山巅，60余座（现存40余座）平顶藏式白台和梵塔白台随山势呈纵深式自由布局（图1-12）。全庙布局、气势与拉萨布达拉宫几乎相差无异，关于其详细的建筑布局概况，后文做专门论述，在此不做过多阐述。

殊像寺

建于乾隆三十九年（1774），据寺内碑文记载：乾隆二十六年（1761），乾隆母亲七十大寿，乾隆陪皇太后到山西五台山文殊菩萨道场殊像寺进香，皇太后观后极为喜欢这座寺庙，乾隆此时萌发在承德建造殊像寺的想法；乾隆三十九年（1774）乾隆皇帝命令内务府仿北京香山宝相寺在承德兴建殊像寺，以供其母亲拈香拜佛之用。

殊像寺，坐北朝南，东西宽约115米，南北长约200米，占地面积约23000平方米（图1-13）。寺庙利用自然地势，南低北高，由南至北中轴线上的建筑依次为山门、天王殿（基址）、会乘殿、宝相阁（原址复建）、清凉楼（基址）。全寺主要由五进院落组成，一进院落由山门、东西边门、钟鼓楼（原址复建）、天王殿组成；二进院落比一进院落高0.57米，由馔香堂（基址）、演梵堂（基址）组成；三进院落建在两层高台上，比二进院落高5.72米，由指峰殿（基址）、西月殿（基址）、会乘殿组成；四进院落建在堆积的假山上，比三进院落高9.88米，由云来殿（基址）、雪净殿（基址）、宝相阁组成；五进院落地势渐高，比四进院落高4米左右，由吉晖殿（基址）、慧喜殿（基址）、清凉楼（基址）组成。一进院落东侧有僧房；三进院落东侧有一组院落，由值班房、灶房组成，现仅存基址；四进院落西侧有一组院落，比四进院落低8米左右，由香林室、方亭、倚云楼、六方亭等组成，现该院落仅存建筑基址。

广安寺

建于乾隆三十七年（1772），是一座藏式建筑风格的寺庙，为乾隆皇帝同蒙古王公贵族举行法会之处。

广安寺坐北朝南，占地面积约10000平方米，共三进院落（图1-14）。一进山门为藏

图1-13　殊像寺
（来源：《钦定热河志》）

式白台，拱门上嵌乾隆御笔"广安寺"石匾，门内院中为一字排列的四根嘛呢杆。二进山
门为"持胜门"，为藏式白台，台顶置喇嘛塔，建筑形式似如普陀宗乘之庙的三塔水门。
"持胜门"两侧各有一小门，门内为两座小院，东院是二层白台建筑"净香室"，内供佛
像。西院内建有两座小白台。三重山门为长方形藏式白台，门外（南侧）点缀叠石假山，
门内（北侧）为第三进院落，院落正中为高三层的戒台，内部题匾"精勤圆澈"。在戒台
东南侧为一座两层白台，乾隆题名"定慧楼"，西南角为一座较小的白台建筑。现该寺已
毁，仅存建筑基址。

图1-14　广安寺

（来源：《钦定热河志》）

罗汉堂

建于乾隆三十九年（1774），是"照碧云寺罗汉堂样式"[①]所建造的一座汉式建筑风格的寺院。

罗汉堂位于广安寺之西，占地面积约12000平方米，三进院落（图1-15）。前有石

[①] 中国第一历史档案馆、承德市文物局合编：《清宫热河档案》第2册，中国档案出版社，2003年，第494页。

图1-15　罗汉堂
（来源:《钦定热河志》）

桥，山门"左右有钟鼓楼，门内天王殿，又内大殿额曰'应真普现'，皆兼四体书。大殿内额曰'会乘证果'。东西配殿各六楹，堂中应真像悉仿海宁安国寺"[1]。现寺庙建筑早已不存，基址严重破坏，仅存古松十余棵，现存世的罗汉像藏于普佑寺。

---

[1]（清）和珅、梁国治编撰:《钦定热河志》，天津古籍出版社，2003年，第2821页。

第二节
普陀宗乘之庙兴建的
历史背景及原因

一、藏传佛教在蒙古部族信仰中的地位

格鲁派创立于15世纪，俗称"黄教"，是藏传佛教中的一个重要派别，在西藏、蒙古等地区有着较大的影响。随着元朝的覆灭，藏传佛教在蒙古地区一度衰落。至北元俺答汗时期，格鲁派因受制于藏传佛教其他教派的排斥和打压，迫切需要有一个强有力的靠山，达赖三世索南嘉措寄希望于当时蒙古地区实力强大的俺答汗。达赖三世索南嘉措的这一主张正好迎合和满足了蒙古上层统治者"政治宗教并行之制"的统治方针政策，《阿拉坦汗》载："若如先圣薛禅汗、八思巴喇嘛二人一般，建立施行政治宗教并行之制时，（应仿效）西土我图伯特孟克地方（西藏拉萨）。"[1]在这样的社会政治背景下，藏传佛教格鲁派再次在蒙古地区迅速蔓延，藏传佛教与蒙古部落的关系日益密切。明崇祯十三年（1640），厄鲁特、喀尔喀举行"巴哈台会盟"，制定《蒙古·卫拉特法典》，确定喇嘛教为共同笃信的宗教。在藏传佛教迅速传播的过程中，蒙古地区的许多部族上层贵族以接受达赖的赠号为荣。诸如五世达赖受赠准格尔大汗和多和沁"巴图尔浑台吉"称号，曾多年与清朝为敌的准格尔首领噶尔丹（巴图尔浑台吉之子）也曾受赠"博硕克图汗"称号。时至清代，由于清政府"兴黄教"之宗教政策的大力推行，藏传佛教中的黄教逐渐成为了蒙古全民族信仰的宗教，藏传佛教在蒙古部族中具有极强的号召力。诸如乾隆二十年（1755），厄鲁特贵族阿睦尔撒纳在伊犁发动叛乱，喀尔喀亲王额林沁因阿睦尔撒纳反叛之事被处死，喀尔喀蒙古亦有反叛之迹象，在这样的危机情况下，章嘉三世和哲布尊丹巴二世以其在宗教上的地位极力劝说喀尔喀蒙古，制止了反叛。清世祖所言"外藩蒙古惟喇嘛之言是听"[2]实不为过。

① 珠荣嘎译注：《阿拉坦汗传》，内蒙古人民出版社，1990年，第88页。
② 《清世祖实录》，卷68，顺治九年九月壬申，中华书局影印，1985年，第530页。

二、清朝政府"兴黄教，即所以安众蒙古"[①]的政治宗教政策

针对"外藩蒙古惟喇嘛之言是听"的宗教信仰，以及藏地全民虔信藏传佛教的情况，清政府想要建立和巩固西北边疆地区的统治，就必须处理好宗教问题。"诚以外藩全土，西藏可称为祖山；青海、喀尔喀、内蒙古及伊犁等处，皆为其檀徒。所以争外藩必先争西藏之推选达赖，权得以号令诸部也"[②]。在这样的情况下，清政府提出了"兴黄教"的宗教政策，以此来达到政治上的有效统治。康熙帝就曾毫不避讳地指出："朕意以众蒙古俱倾心皈向达赖喇嘛，此虽系假达赖（七世达赖），而有达赖喇嘛之名，众蒙古皆服之。倘不以朝命往擒，若为策旺喇卜滩迎去，则西域蒙古皆向策旺喇卜滩矣。"[③]就连笃信藏传佛教的乾隆帝也指出，"兴黄教，即所以安众蒙古，所系非小，不可以不保护之"[④]，"予之所以为此者，非惟阐扬黄教之谓，盖以绥靖荒服，柔怀远人"[⑤]。昭梿在《啸亭杂录》中指出："国家崇信黄僧，并非崇奉其教以祈福也。只以蒙古诸部敬信黄教日久，故以神道设教，籍使诚心归服，以障藩篱，正《王制》所谓'易其政不易其俗'之道也。"[⑥]

清政府提倡"兴黄教"的政治宗教政策，促使了藏传佛教在蒙古地区走向全盛，最为突出的标志就是蒙古地区哲布尊丹巴呼图克图和章嘉呼图克图两大活佛系统的确立，其与16世纪在西藏形成的达赖和班禅两大活佛系统组成当时藏传佛教的四大活佛系统。从表面上看，清朝政府在蒙古地区确立两大活佛系统是对蒙古地区藏传佛教的支持，但是实际上是清政府"分而治之"的政治策略，是"众建以分其力"[⑦]思想在宗教政策上的应用。另外，藏传佛教能够在蒙古地区迅速传播并取得一定的政治地位，也是和蒙古部族军事力量的支持分不开的。在清初，达赖和班禅的封号都是来自和硕特顾实汗的册封，清朝政府对西藏的统治是间接的，而真正直接统治西藏的是蒙古和硕特顾实汗。正如嘉庆帝在《御制诗初选·须弥福寿之庙注》中所言："我朝开国以来，蒙古隶我臣仆，重以婚姻，联为一体。青海地方蒙古虽非内扎萨克可比，亦不应稍有歧视。雍正年间，于该处设立办事大臣，本为保护蒙古起见，诚以蕃族（指藏族）杂居蒙古以外，而蒙古实为中国屏藩，是以

① 乾隆五十七年（1792）北京雍和宫御制《喇嘛说》碑文。

② （日本）稻叶君山著，但焘译：《清朝全史》，台湾中华书局，1985年，第114页。

③ 《清圣祖实录》，卷227，康熙四十五年十月乙巳，中华书局影印，1985年，第274页。

④ 乾隆五十七年（1792）北京雍和宫御制《喇嘛说》碑文。

⑤ 乾隆三十年（1765）《安远庙瞻礼书事（有序）》碑文。

⑥ （清）昭梿撰，何英芳点校：《啸亭杂录》，中华书局，1997年，第361页。

⑦ 源于贾谊《治安策》中"欲天下之治安，莫若众建诸侯而少其力"。

蒙制蕃则可，以蕃制蒙则倒置矣。"①清政府推崇黄教的政策，一方面分割了达赖和班禅的政治宗教权力，达到"兴黄教，即所以安众蒙古"的政治宗教问题，同时也达到了以蒙制藏的政治作用。

　　清朝中央政府在山庄周围兴建寺庙均与民族问题有关。乾隆帝在《出山庄北门瞻礼梵庙之作》中言道："山庄城外北山一带，崇建寺庙，如普宁寺，系乾隆二十年，平定西陲，四卫拉特来觐，仿西藏三摩耶庙式，建此以纪武成。安远庙，则二十四年，因降人达什达瓦部落还居于此，仿伊犁固尔扎庙式为之。普乐寺，则三十一年所建，以备诸藩瞻觐。至布达拉庙，成于三十五年，仿西藏大昭式，敬建以祝慈厘。扎什伦布庙，乃四十五年，班禅额尔德尼来热河，为预祝七旬万寿时，仿后藏班禅所居创建者。其他如殊像寺、广安寺、罗汉堂，诸所营建，实以旧藩新附，接踵输忱，其俗皆崇信黄教，用构兹梵宇，以遂瞻礼而寓绥怀，非徒侈巨丽之观也。"②（图1-16）通过兴建"外八庙"，"以遂瞻礼而寓绥怀"，清政府实现了"兴黄教，即所以安众蒙古"的政治目的。正如王钟翰先生所言："平心而论，清代的民族政策不但超周、秦、汉三代，甚至连煊赫一时、地跨欧亚二洲的大元帝国亦瞠乎其后。"③

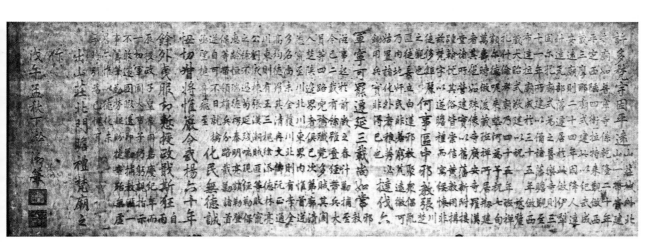

图1-16 　《出山庄北门瞻礼梵庙之作》石匾
（来源：外八庙管理处）

---

① 嘉庆《御制诗初选・须弥福寿之庙注》（光绪五年活字本）卷四，第13~14页。转引于王钟翰《清代民族宗教政策》，《中国社会科学》1992年第1期，第186页。

② 嘉庆三年（1798）乾隆作《出山庄北门瞻礼梵庙之作》。

③ 王钟翰：《清代民族政策》，《中国社会科学》1992年第1期，第179页。

三、普陀宗乘之庙兴建的直接原因

综上所述，藏传佛教在清朝中央政府处理与蒙藏民族关系上具有重要的地位和作用。乾隆时期，国家财力雄厚，为庆祝乾隆六十大寿（1770）及其母亲钮祜禄氏的八十大寿（1771），乾隆皇帝以康熙皇帝六十寿辰建溥仁寺先例，借蒙古、青海、新疆、西藏等地少数民族王公首领来热河为其及其母亲祝寿之机再次仿建寺庙，作为藏传佛教祖庭的布达拉宫是仿建蓝本的不二之选。

第三节

普陀宗乘之庙
兴建的历史过程

一、普陀宗乘之庙肇建始末

普庙[1]是清政府模仿西藏布达拉宫敕建的一座皇家寺庙。《普陀宗乘之庙御制碑》载："斯庙以乾隆三十二年三月经始，三十六年八月讫工。"[2]目前，大部分学者均以此为据，认为普庙建于乾隆三十二年（1767）至乾隆三十六年（1771），而关于寺庙确切的选址时间、奠基开工日期、完工典礼日期及相关事宜均未有详细系统的考证。

（一）普陀宗乘之庙肇建时间小考

乾隆十三年（1748），乾隆帝曾派官员和画师至布达拉宫测绘临摹[3]，可见乾隆帝以西藏布达拉宫为蓝本肇建寺庙之愿久矣。随后，乾隆帝为了庆祝自己六十岁生日和皇太后钮钴录氏八十岁生日，兴建普庙，"斯庙以乾隆三十二年三月经始，三十六年八月讫工"，历时四年半之久。

查阅史料，除了《普陀宗乘之庙御制碑》载"斯庙以乾隆三十二年三月经始，三十六年八月讫工"之外，最早记载普庙工程的史料是乾隆三十二年（1767）十一月二十七日《署热河副都统玛常等奏请动支银两砍办拉运围场木植折》。奏折载："……布达拉庙工程处除有采买之木抵用外，□尚少大小木植一万六千余件，以现在所办得之木内逐一查抵，足敷工用外，当有余剩大小木植一万八千余件……"[4]在此之后，又有几则档案提到普庙的开工时间：

---

① 为便于记述，本书所述"普庙"，皆指"普陀宗乘之庙"。
② 乾隆三十六年（1771）《普陀宗乘之庙御制碑》。
③ 陈庆英，丁守璞：《蒙藏关系史大系·政治卷》，外语教学与研究出版社，2002年，第480页。
④ 中国第一历史档案馆、承德市文物局合编：《清宫热河档案》第2册，中国档案出版社，2003年，第
　45~46页。

乾隆三十六年（1771）八月十一日《工部尚书福隆安等奏报布达拉庙工程领发及库存银两数目折》奏："……臣等遵旨，查得布达喇庙工程自三十一年起至本年四月内共领内库银一百二十九万一千四百八十七两一钱七分六厘……"①

乾隆三十七年（1772）三月二十二日《总管内务府奏报查核布达拉庙等工所领款项并领过银两数目片》奏："……遵旨查核布达喇庙工，调取前后案件，逐一细加查对，自乾隆三十二年起，领过养心殿库银一百七十二万四千六十两零，热河道库银二十万两……"②

乾隆四十年（1775）七月十八日《内务府总管英廉奏报遵旨查办承修布达拉庙监督拜唐阿匠头情形折》奏："……今详细查明，自乾隆三十二年三月兴工起，所有承修之官员除三格、萨哈亮外，尚有十员……"③

在《普陀宗乘之庙御制碑》中，乾隆帝明确提到普庙工程为"乾隆三十二年三月经始"，乾隆四十年七月十八日奏折中又复提，理应无误，实可断定普庙的开工典礼的时间为乾隆三十二年三月的某一天，但是在两次奏报普庙工程费用的奏折中，乾隆三十六年八月十一日一档从乾隆三十一年（1766）算起，而乾隆三十七年三月二十二日一档却从乾隆三十二年算起，两种不同的庙费算讫时间颇为奇怪。乾隆三十六年八月十一日所奏普庙工程费用从乾隆三十一年算起，那么三十一年普庙还未开工，何来工程费用？笔者推断普庙工程从乾隆三十一年已经开始准备，乾隆三十一年的费用应该是在开工典礼之前勘选庙址、筹备普庙开工等事宜的前期费用，而乾隆三十七年一档中奏报的普庙工程费用以乾隆三十二年算起，其并非是仅从乾隆三十二年三月开工典礼算起，而是以普庙为三十二年三月开工典礼而惯言，其所算费用应包括三十二年三月之前的工程准备费用。

关于普庙的完工开光时间，亦无史籍明确记载。

查阅史料，仅有以下记载：乾隆三十六年六月十八日《多罗贝勒永瑢奏闻布达拉庙开光由京派喇嘛前往念经拨给马匹车辆盘费片》奏："六爷奏为热河布达拉庙开光，派喇嘛念经去，分次起程……至现在由京派往三百十三名，于七月十三日起，分为三次起程，前往热河，约于二十日到齐……"④乾隆三十六年（1771）七月初七日《和尔经额等奏报布达拉庙工程可望八月初间完工情形折》奏："奴才等统计此工，已得七成，……定于八月

① 中国第一历史档案馆、承德市文物局合编：《清宫热河档案》第2册，中国档案出版社，2003年，第368~369页。
② 中国第一历史档案馆、承德市文物局合编：《清宫热河档案》第2册，中国档案出版社，2003年，第469~470页。
③ 中国第一历史档案馆、承德市文物局合编：《清宫热河档案》第3册，中国档案出版社，2003年，第439页。
④ 中国第一历史档案馆、承德市文物局合编：《清宫热河档案》第2册，中国档案出版社，2003年，第353页。

初间全行修竣。谨奏。"①由上述史料可知，在乾隆三十六年七月初普庙工程已接近收尾之际，八月初间可全行修竣，清政府对普庙落成庆典之事已开始着手准备，开始调集京师喇嘛赴热河参加普庙工程落成"开光"之事。

查阅乾隆三十六年（1771）七月初十日至十月初八日《乾隆三十六年巡幸热河起居注》②，"七月初十日，上秋狝木兰，自圆明园起行"，乾隆皇帝从北京启程，开始了这一年的热河巡幸和木兰秋狝。"二十五日，驾至三岔口停跸，驻跸热河行宫"，乾隆皇帝历经半月之久到达避暑山庄。乾隆皇帝在避暑山庄驻至近一个月后，"（八月）二十五日，上旨，皇太后行宫请安，驾至准黄寺停跸，驻跸中关行宫"，开始从热河启程赴围场进行木兰秋狝。在乾隆皇帝驻跸热河行宫（避暑山庄）的这一个月内，"八月初一日，上奉皇太后旨，溥仁寺、普宁寺、普佑寺拈香"，"十一日，上旨安远庙、普乐寺拈香"，并无关于至普庙拈香的任何记载，可见至八月二十五日之前并没有举行普庙"开光"庆典。乾隆皇帝八月二十五日从避暑山庄出发，开始了木兰秋狝之行，行围期间，"（九月）初八日，驾至看城停跸，驻跸依绵沟口大营，是日，上行围射鹿四、狍三。是日，土尔扈特台吉渥巴锡等以归顺入觐，上御行幄受朝，以次召入，温谕抚慰，赐茶，毕，退。随赐渥巴锡等顶戴官服有差"，九月初八日，渥巴锡至围场首次觐见乾隆皇帝。"十七日，驾至准黄寺停跸，驻跸热河行宫"，至此，渥巴锡一行随乾隆皇帝返回避暑山庄，并于十八日在避暑山庄的"澹泊敬诚"殿受乾隆皇帝册封，且"是日，普陀宗乘庙落成，上亲旨拈香，并命渥巴锡等随往瞻礼"。由乾隆三十六年七月初十日至十月初八日《乾隆三十六年巡幸热河起居注》可知，普庙落成典礼之日应为乾隆三十六年（1771）九月十八日。

现《清代宫廷绘画》收录的《万法归一图》正是对普庙落成典礼的画笔记录（图1-17）。《万法归一图》收录说明如下："此图画乾隆三十六年（1771）弘历在承德'外八庙'之一普陀宗乘之庙的'万法归一'殿，接见跋涉万里自俄罗斯归来的蒙古土尔扈特部首领渥巴锡的场面，画面色彩金碧辉煌，富有西藏佛教艺术的风格。"③

根据以上史料所载，渥巴锡的确参加了普庙落成的"开光"典礼。王家鹏先生在《土尔扈特东归与〈万法归一图〉》一文中，通过中国第一历史档案馆藏《满文土尔扈特档》乾隆三十六年九月十九日折第1件，分析认为"10月27日（九月二十日）举行普陀宗乘之庙落成典礼，渥巴锡一行是典礼中的主要来宾，所以乾隆在御制普陀宗乘之庙碑记中特

---

① 中国第一历史档案馆、承德市文物局合编：《清宫热河档案》第2册，中国档案出版社，2003年，第358~359页。
② 中国第一历史档案馆、承德市文物局合编：《清宫热河档案》第2册，中国档案出版社，2003年，第412~433页。
③ 故宫博物院编：《清代宫廷绘画》，文物出版社，1992年，图141。

图1-17 万法归一图
（来源：《清代宫廷绘画》）

别说明"①。马汝珩、马大正在《渥巴锡承德之行与清政府的民族统治政策》一文中也认为普庙落成典礼的日期为乾隆三十六年九月二十日②。但是查阅乾隆三十六年七月初十日至十月初八日《乾隆三十六年巡幸热河起居注》，乾隆皇帝在这一年来普庙拈香仅有三次。第一次即是上文所提的"是日（九月十八日），普陀宗乘庙落成，上亲旨拈香，并命渥巴锡等随往瞻礼"，第二次是"（九月）二十日，上旨普陀宗乘庙拈香"，第三次是"（九月）二十八日，上旨普陀宗乘庙拈香"。在这三次拈香的记载中，九月十八日这次拈香的时间最早，记述较为详细，且记述了渥巴锡一同随往瞻礼。乾隆御制诗《普陀宗乘之庙落成拈香得句》注载："今岁恭遇皇太后八旬万寿，因建此庙庆迓慈禧，兹届藏工庆落，会土尔扈特汗渥巴锡等适至，以其素重黄教，命往瞻礼，禅益深感悦。"③由此可印证渥巴锡一行的确参加了普庙竣工典礼。综上所述，可确定普庙的落成"开光"庆典时间为乾隆三十六年（1771）九月十八日。

---

① 王家鹏：《土尔扈特东归与〈万法归一图〉》，《文物》1996年第10期，第57、86~92页。

② 马汝珩、马大正：《渥巴锡承德之行与清政府的民族统治政策》，《新疆师范大学学报》1984年第1期，第39页。

③ （清）和珅、梁国治编撰：《钦定热河志》，天津古籍出版社，2003年，第2804页。

《普陀宗乘庙御制碑》的时间落款为"乾隆三十六年岁在辛卯仲秋月之吉御笔"，我国古历法所言的秋季为农历的七、八、九月，把处在中间的八月称为"仲秋"，由此可知乾隆御笔普庙碑文的时间为乾隆三十六年八月的某一吉日，是为乾隆皇帝在得到庙工讫工的禀奏之后御笔普庙碑文的时间，且乾隆御笔碑文的时间应早于普庙的落成"开光"庆典时间。至于乾隆帝在《出山庄北门瞻礼梵庙之作》中所言"布达拉庙，成于三十五年"，应是乾隆帝以三十五年（1770）为其六十大寿而记。故普庙工程落成"开光"庆典的时间乾隆三十六年九月十八日，与御制碑所载"三十六年八月讫工"并不冲突，且顺理成章。

《普陀宗乘庙御制碑》中所谓的"三十六年八月讫工"，应是热河普庙庙工上奏朝廷的讫工时间。查阅《清宫热河档案》及相关官修史籍，并未见奏报普庙全数完成的折子或其他文献记载，仅见对普庙工程成数详情的最后一次奏报是七月十八日《和尔经额等奏闻交还运木车辆缘由并布达拉庙工成数折》，该折奏报普庙庙工成数十之有八九，并未全部完成①。至此之后就是乾隆三十六年（1771）八月初八日《总管内务府奏请议处运送布达拉庙应用佛格供器等物失事副催长安乐庆等人》、八月十二日《奉旨布达拉庙失火重修耗费多金着饬永和等重赔家赀》、九月初一日《总管内务府奏请议叙办运布达拉庙工应用木植未致迟误之热河总管全德》和《总管内务府奏请议处办理布达拉庙工草率致使金瓦高低不平颜色不齐之员三格等人》②等一些关于对普庙工程相关人员追责、褒奖的折子，依此可以推断朝廷在八月初八日至九月初一日这段时间已得普庙庙工全数完成的奏报，继而开始了对普庙工程中不得力之人弹奏追责以及对得力之人奉旨褒奖的进程。乾隆三十六年八月十一日《工部尚书福隆安等奏报布达拉庙工程领发及库存银两数目》③的折子乃又一佐证，奏报庙工所用银两的时间虽辄止于乾隆三十六年五月，但根据奏报的时间，可以推断庙工至少至八月十一日已全数完成，此时朝廷已开始核查普庙庙工所用银两数。由上述论证，热河庙工奏报朝廷普庙工程全数完成的时间应为八月初一日至八月十一日的某一天。

通过以上分析，普庙工程从乾隆三十一年（1766）即已准备，至乾隆三十二年（1767）三月的某一吉日开工典礼，至乾隆三十六年（1771）八月初一日至十一日之间全数讫工，于乾隆三十六年九月十八日举行了普庙落成"开光"庆典。严格来讲，普庙的肇建时间应该是乾隆三十二年三月某一吉日至三十六年九月十八日，《普陀宗乘庙御制碑》中所言的"三十六年八月讫工"，"八月"这个时间应是上奏朝廷普庙讫工的时间。

---

① 中国第一历史档案馆、承德市文物局合编：《清宫热河档案》第2册，中国档案出版社，2003年，第359~361页。

② 中国第一历史档案馆、承德市文物局合编：《清宫热河档案》第2册，中国档案出版社，2003年，第366~367、369~371、392~393、394~396页。

③ 中国第一历史档案馆、承德市文物局合编：《清宫热河档案》第2册，中国档案出版社，2003年，第368~369页。

（二）普陀宗乘之庙工程施工进度①

1.乾隆三十二年（1767）

十月十八日《珐琅作承做热河活计档》，记述对普庙六品佛楼内柜格、桌案、供器、画像、佛像的承做情况。②

十一月二十七日《署热河副都统玛常等奏请动支银两砍办拉运围场木植折》："布达拉庙工程处除有采买之木抵用外，□尚少大小木植一万六千余件，于现在所办得之木内逐一查抵，足敷工用外，当有余剩大小木植一万八千余件。"③

2.乾隆三十三年（1768）

正月十二日《珐琅作承做热河活计档》载："催长四、五德，为做热河布达拉洪台六品佛楼供器一分。"④

正月二十九日《珐琅作承做热河活计档》载："催长四德等将拨得热河布达拉洪台宗喀巴佛蜡样一尊持进，安在养心殿呈览，奉旨照样准做。"⑤

十一月初六日《热河副都统胡什图等奏报前后围运到沙石堆热河口等处木植数目折》奏："运到布达拉庙工程处：圆线五十六件，椴木三百七十七件，枋木二十七件，枕板三十六件，丈板三十七件，七尺板七百八十五件，檩木六十七件，共木植一千三百八十五件。"⑥

3.乾隆三十五年（1770）

《乾隆三十五年记录造办处承做热河活计档》记述了六月初三日至十二月二十九日造办处对普庙喇嘛念经应用什物的承做情况。⑦

4.乾隆三十六年（1771）

五月二十一日，和尔经额、永和奏报，加紧将下河口、沙堤所存木料、张百湾所运木

---

① 本节主要通过搜集和整理的档案资料来展现普庙工程的施工进度。
② 中国第一历史档案馆、承德市文物局合编：《清宫热河档案》第2册，中国档案出版社，2003年，第68~70页。
③ 中国第一历史档案馆、承德市文物局合编：《清宫热河档案》第2册，中国档案出版社，2003年，第45~46页。
④ 中国第一历史档案馆、承德市文物局合编：《清宫热河档案》第2册，中国档案出版社，2003年，第68页。
⑤ 中国第一历史档案馆、承德市文物局合编：《清宫热河档案》第2册，中国档案出版社，2003年，第69页。
⑥ 中国第一历史档案馆、承德市文物局合编：《清宫热河档案》第2册，中国档案出版社，2003年，第117页。
⑦ 中国第一历史档案馆、承德市文物局合编：《清宫热河档案》第2册，中国档案出版社，2003年，第311~313页。

料以及围场砍伐的木植运至普庙施工现场，"务令工料接济匠夫，充裕工作之用"，并报"于五月二十日南面群楼业已竖立大木，即将都纲殿大木加紧催做，接续竖立，但斗科必须黄松成做，其本工所存并拉运到工木植内黄松件料甚少，是以奴才等立即派员至喀喇河屯行宫，内向有拆卸存贮旧料黄松枋、梁、檩、柱木植，派员催偾，连夜到工，即令分件成做，拟于五月二十六日竖立都纲殿大木，至有应拆闪裂墙垣，一面拆卸，一面仍照原式成砌"。[1]

五月二十三日，直隶总督杨廷璋奏报关于布达拉庙工程运砖所需车辆事宜，"饬令附京五百里以内各州县代雇速解赴窑"，并对保定、河间二府，西路、北路两厅，易州、永平、遵化等处车辆运送、渡河木筏赶做、草料预备采办等情况作了详细奏报。[2]

五月二十三日，总管内务府大臣尚书公福寄谕直隶总督杨廷璋，"因思热河道明山保系地方大员，其与内地民户民人自应一体爱惜，且现在兼管工程，于该工核实支销之处稽查亦易。所有各车应给每日脚费等项着交与明山保专司支发"，以防"若由管工官员给发，恐不免偏向窑人等，不知体恤车户，而所属经管分发之人难保其不从中扣尅，致车户或有赔累，殊属未便"。[3]

六月初六日，和尔经额、永和奏报关于普庙运送砖块、石料、石灰的车辆数目，同时详细奏报了普庙用砖数量的情况，"于五月二十八日京运砖块到工，至六月初一日共送到砖六十六车，计八千一百十八块。查发票起运日期，系五月二十一日装车起运，行走八九日不等，已见途间艰于行走，惟恐京砖不能全行运到，奴才和尔经额、永和率同在工官员详加查算，共约需砖二百五万六千余块，内今除由京初运一次，计砖十七万五千块，本工选得堪用旧砖五十一万块，本处各窑得砖九十万块，再除豆渣石、红砂石抵用砖二十九万块，核计不敷应用，又购办附近民窑砖十三万四千块，取用各处行宫存贮旧砖二万二千块，连小砖折算通盘核计，共得砖二百三万一千块，尚不敷砖二万五千余块，仍在本处各窑添坯赶造，始能足用"。同时并附《布达喇庙工程成数清单》，"都纲殿金檐柱已经竖立，下檐枋梁安得，现在摆安斗科；上檐安枋梁，随安斗科，谨择于六月十五日辰时上梁。周围四层群楼柱木竖得，现上承重枋梁。御座三层楼，柱木枋梁已经竖立，现钉楼板。周围二层群楼柱木竖得，现安枋梁。九间房大木已经竖得，头停已墁方砖，现安装修。花台上呀曼达噶楼十八间，大木已经竖得，现在苫背、铺墁地面方砖、安装修。八方殿、六方殿现在接砌礤墩，包砌台帮，随安柱顶。东边曲尺白台应拆砌台帮，已拆至大

① 中国第一历史档案馆、承德市文物局合编：《清宫热河档案》第2册，中国档案出版社，2003年，第329~330页。
② 中国第一历史档案馆、承德市文物局合编：《清宫热河档案》第2册，中国档案出版社，2003年，第330~332页。
③ 中国第一历史档案馆、承德市文物局合编：《清宫热河档案》第2册，中国档案出版社，2003年，第333页。

料石，现在接砌红砂大料石。各座阶条、踏跺现在挑换安砌。山门内碑亭现在油饰彩画出细。琉璃牌楼方柱、大额枋已安，中间石匾安得，现安琉璃斗科"。①

六月初十日，三和、和尔经额、永和奏报运送普庙庙工所需木植情况，普庙庙工"应运木植，现已陆续运到九千余件，足敷应手使用。其余五千余件，约至六月二十日内即可全数抵工"，同时奏报"将运木车内拨派八十辆，并前拨之车七十辆，共一百五十辆，一并助运物料，与运木、运料两不耽延。至京车只须留用三百五十辆，即敷原请五百辆之数。如运木车辆随到，随将京车换回，统俟木植全数到工，即将运木车四百五十辆俱令助运灰石砖块，将京车全数交明山保，速令散归"。并附《布达喇庙工程成数清单》，"都纲殿上檐摆斗科，已安抹角梁，现上架海梁，下檐钉椽望。周围四层群楼柱木竖得，现上承重间枋。御座三层楼钉安挂檐板，安装修，铺墁地面。周围二层群楼柱木竖得，现安承重间枋。九间房装修安得，现铺墁地面砖。花台上呀曼达噶楼十八间头停铺墁方砖、安装修俱得，现安做青白石神台。八方殿、六方殿现在接砌磉墩、包砌台帮、安柱顶。东边曲尺白台应拆砌台帮，已拆至大料石，现在接砌红砂大料石，安得六层，现安第七层。御座楼并群楼阶条安得，其余各座阶条、踏跺现在挑换安砌。山门内碑亭油饰彩画完竣，现钉檐檬。琉璃牌楼方柱大额枋已安，两次楼摆安斗科，明间石匾已安，现安上层额枋。石狮、石象做得，石座花纹出细。坐静房前两边叠落墙，现在成砌"。②

六月十三日，三和、和尔经额、永和奏报普庙庙工所需镀金铜瓦部分成色不齐的情况，"布达喇庙工需用镀金铜瓦各种共四千九百余件，内堪用者共三千一百八十余件，其泛水银、焊口不齐、净面不平、金色不匀及磨损应收拾者共一千七百四十余件"，"奴才等惟有钦遵圣训，倍加警惕，详慎办理。今查到工镀金铜瓦当，福康安查明内有泛水银、焊口不齐、净面不平、金色不匀及磨损应收拾者一千七百四十余件，彼时奴才和尔经额、永和公同验明，现有承办监督郎中佛宁在工，带有匠役三十余名，即时督令加意另行妥协收拾外，其余未到工铜瓦各项共三千二百余件，现在严行催运，一俟到工，奴才三和、和尔经额、永和眼同逐细验勘，详加甄选"。③

六月十六日，三和、和尔经额、永和奏报普庙庙工运料已不致劫紧，先后将京车陆续遣回，同时奏报"都纲殿已于十五日辰时吉期上梁，奴才等仰赖皇上洪福，近日连得晴霁。又兼运木之车全到，协助各料俾得，诸匠应手施工。而各座工程日见成效，奴才等

① 中国第一历史档案馆、承德市文物局合编：《清宫热河档案》第2册，中国档案出版社，2003年，第333~336页。
② 中国第一历史档案馆、承德市文物局合编：《清宫热河档案》第2册，中国档案出版社，2003年，第336~338页。
③ 中国第一历史档案馆、承德市文物局合编：《清宫热河档案》第2册，中国档案出版社，2003年，第342~344页。

加意如式妥固偾修，此工可于八月初间全势告成"，并附《布达喇庙工程成数清单》，"都纲殿下檐现苫二层灰背，上檐现钉椽望，随即苫背。周围四层群楼柱木竖得，南面承重间枋已安，现上北面承重间枋。大红台南面东西宇墙砌得，现抹红灰。御座三层楼挂檐板装修已得，现墁地面砖，安隔断板。二层群楼承重间枋方得，现铺钉顶板。九间房装修地面砖已得，现安隔断板。花台上呀曼达噶楼十八间头停铺墁方砖，并装修俱得，青白石神台已安，现在出细。八方殿接砌碐墩，包砌台帮。六方殿安柱顶。东边曲尺白台红砂大料石安得十一层，现安第十二层，南北两面接砌台帮。大红台两边踏跺挑换安得，白台踏跺现在挑换。山门内碑亭油饰彩画、踏跺、栏杆并檐蠓俱得。琉璃牌楼中楼、次楼斗科安得，现安石角梁。坐静房前两边叠落墙身砌得，现安琉璃拔檐。石狮、石象做得，石座花纹出细"。①

六月十八日，多罗贝勒永瑢奏报由京派喇嘛至热河布达拉庙开光事宜，"奉旨派喇嘛一千名，续经奏准添派递供喇嘛一百十三名，共一千一百十三名。内除热河各寺庙喇嘛七百名，又章嘉胡图克图等所带弟子凑派一百名外，至现在由京派往三百十三名，于七月十三日起，分为三次起程，前往热河，约于二十日到齐，恭备开光念经，道场完竣之日，即行回京"。②

七月初七日，和尔经额、永和奏报布达拉庙工程可望八月初间完工，并详细奏报了各重要建筑已工成数。"除西面九间房，并花台上呀曼达噶楼，以及碑亭、琉璃牌楼、叠落宇墙、石狮、石象俱已完竣外，现今都纲殿上下檐铜瓦等件盖瓦均有八成，其余二成约于二、三日内可以瓦完。殿内现安天花、铺墁石砖，殿外安砌踏跺。周围四层群楼竖立已得，上层楼板钉完，苫背已有七成，下檐成砌槛墙，安钉装修，随墁地面。御座三层楼顶板并装修、地面俱完，现在糊饰二层群楼顶板，并装修安得，现今铺墁方砖。七辈喇嘛楼扇面墙、槛墙并装修俱得，现铺墁地面。八方殿、六方殿竖木已得，现钉椽望，随行苫背。东边曲尺白台城砖台身砌得，现安挂柱顶，竖立大木。嘛呢杆四根俱已竖得，现安夹杆石。奴才等统计此工，已得七成，虽热河地方于六月二十九日起雨水连绵，幸于未雨之前，已将群楼顶板偾铺完毕，得以安做内里装修、铺墁地面及糊饰等工，至外面未完活计，于雨停之际，仍酌其可做者催令施工，均属无误工作，定于八月初间全行修竣"。③

七月十八日，和尔经额、永和奏报普庙庙工"十成之中已完八九"，故陆续交还运木

① 中国第一历史档案馆、承德市文物局合编：《清宫热河档案》第2册，中国档案出版社，2003年，第345~346页。

② 中国第一历史档案馆、承德市文物局合编：《清宫热河档案》第2册，中国档案出版社，2003年，第353~354页。

③ 中国第一历史档案馆、承德市文物局合编：《清宫热河档案》第2册，中国档案出版社，2003年，第358~359页。

京车，并详细奏报庙工成数，"布达喇庙除已竣之呀曼达噶楼、九间房，并碑亭、琉璃牌楼、石狮、石象外，现今都纲殿上檐、下檐镀金铜瓦俱已瓦完，其镀金铜顶因续添莲蕊，现在攒办，一俟做得，即行安装；殿内天花安得；地面石、砖并殿外踏跺俱完，现在出细；其柱木装修俱单披灰油饰。周围四层群楼四面琉璃挂檐砖俱已安得，楼顶苫背已完，现墁面砖；油饰柱木、窗隔、横楣、栏杆，内里糊饰，院内铺墁甬路。御座三层楼并群楼、七辈喇嘛楼柱木装修油饰已得，现在糊饰，安内里装修。六方殿苫背已完，随瓦镀金铜瓦，殿内现安天花、铺墁地面方砖、油饰柱木装修，殿外安砌踏跺。八方殿苫背已得，俟镀金铜瓦到齐，检验甄选，即行盖瓦；柱木装修俱已油饰，殿内安钉天花，铺墁地面方砖，殿外安砌踏跺。东边曲尺白台楼座顶板安完，现今苫背，成砌扇面墙、槛墙，安钉装修。嘛呢杆四根现安夹杆石。其余山门至大红台一带甬路已完，现今清理各处地面。再各座应安之供案、供器等项，现在查点，敬谨陆续安设"。①

八月初八日，英廉奏报普庙应用佛格、供器等物由京运热河途中，遇山水"佛格冲去一座，供器冲去一箱，计大小八十一件，随沿路赶寻并无踪迹……今请慈宁宫现在陈设佛格一座、供器八十一件暂行借用，俟补造得时送往热河，仍将慈宁宫之佛格、供器照数送还"。②

八月十一日，工部尚书福隆安等详细奏报普庙工程领发及库存银两数目，"查得布达喇工程自三十一年起至本年四月内共领内库银一百二十九万一千四百八十七两一钱七分六厘，内发过工料银一百十八万三千二百六十三两七钱三分五厘，又本年五月起领过热河道库银二十万两，连前用存银十万八千二百二十三两四钱四分一厘二，共银三十万八千二百二十三两四钱四分一厘，内发过工料银二十二万九千五百二两四钱三分九厘，除发净存银七万八千七百二十一两二厘内，在京库存银七万八千六百十二两七钱四分五毫，在本处工程库存银一百八两二钱六分一厘五毫，其热河道库除五月内发过银二十万两外，现存备用银四十五万六千九百两。至布达拉庙工前后领用银一百四十一万二千七百六十六两一钱零，内得余平银五万二千七百六十四两四钱零，内给发过各工程处公费饭食、纸笔及进京请领钱粮盘费等项，五年共用过四万九千一百三十六两七钱四分外，现存余平银三千六百二十七两七钱零。再三和、和尔经额应行赔修拆瓦镀金瓦片，需用工料银二千七百三十九两八钱一分八厘合并声明，谨奏。"③

纵观以上所见关于普庙工程进度的史料，乾隆三十二年仅见档案两宗，三十三年档案三宗，三十四年不见，三十五年档案一宗，三十六年档案十二宗。相比之下，乾隆三十六年

---

① 中国第一历史档案馆、承德市文物局合编：《清宫热河档案》第2册，中国档案出版社，2003年，第359~361页。

② 中国第一历史档案馆、承德市文物局合编：《清宫热河档案》第2册，中国档案出版社，2003年，第366页。

③ 中国第一历史档案馆、承德市文物局合编：《清宫热河档案》第2册，中国档案出版社，2003年，第368页。

档案记载较为密集。由此可见，乾隆三十六年，为赶乾隆母亲八十大寿和土尔扈特部抵达热河时举行庆典，庙工工程加紧办理，进入了最后攻坚阶段，从五月二十一日至七月十八日的五十多天内，和尔经额、三和等连续十次奏报普庙工程工料运送、车辆安排、工程进度等事宜。上述的档案资料中，可见的建筑和附属建筑有都纲殿（"万法归一"殿）、四层群楼（大红台群楼）、御座三层楼（戏楼）、二层群楼（御座楼群楼）、七辈喇嘛楼（"洛伽胜境"殿）、九间房、呀曼达噶楼（"文殊圣境"殿）、八方殿（"权衡三界"殿）、六方殿（"慈航普渡"殿）、东边曲尺白台、碑阁（碑亭）、琉璃牌楼、叠落墙、嘛呢杆、甬路等，其余未提及的建筑大部分位于大红台台体之下，且绝大部分为简单的藏式白台建筑，这些建筑的工料运输和施工较为容易，在乾隆三十二年至三十五年年底或已大部完成（表1-1）。

　　上述档案中提到的建筑大部分为普庙的重要建筑，除了甬路、碑阁、琉璃牌楼、叠落墙，其余均是大红台及大红台下大白台的建筑。这些建筑的施工出现在普庙工程的最后一年，笔者推测原因有二：其一，大白台和大红台台体整体垒砌完成后，这些建筑方可进行施建，而施建大白台和大红台的工程量较大，且工料运输为艰，"费时耗工"的大白台、大红台施建工程客观上"阻碍"了上述建筑的施工进度。其二，乾隆三十六年五月一日，由于工人吃烟遗火，普庙工程"猝遭回禄"，损失严重。

　　关于普庙工程进程中的回禄之灾，据内务府大臣英廉详查，具体情况如下：乾隆三十六年五月一日正午，工匠张法、王国柱、邹富臣在普庙的八方亭（"权衡三界"殿）休息抽烟，不料弹落的烟火燃着了八方亭天枰架木的扎筏绳，火势很快沿着绳子烧到了八方亭顶部，恰值塞外风大，结果火借风势，"即将都罡殿群楼、花台等处延烧"[1]。都罡殿群楼（大红台群楼）位于八方亭的西侧，中间有御座楼群楼相隔，花台[2]位于大白台的东南角，虽与八方亭相去甚远，但此次失火均被殃及。另参阅乾隆三十六年五月至八月热河向乾隆帝多次奏报的《布达喇庙工程成数清单》，除了都罡殿群楼、花台被火延烧外，紧邻八方亭的御座楼群楼、七辈喇嘛楼（"洛迦胜境"殿），亦无幸免。这场火灾烧毁了大量的工程木料，致使木料供应吃紧，不得不紧急从河口、沙堤、张百湾、喀拉河屯行宫等地加急调用木料，专派人员监视，多加匠工，分件赶做，"务令工料接济匠夫，充裕工作之用"，可见此次火灾烧毁的木料甚多；另外"至有应拆闪裂墙垣，一面拆卸，一面仍照原式成砌"的记述，表明部分建筑的墙体在此次回禄之灾中也遭到了很大的破坏[3]。据乾隆

---

[1] 中国第一历史档案馆、承德市文物局合编：《清宫热河档案》第2册，中国档案出版社，2003年，第338~341页。

[2] "花台"指的是"文殊圣境"殿下方的实心台体。参杨煦《热河普陀宗乘之庙乾隆朝建筑原状考》，《故宫博物院院刊》2013年第1期，第41~68页、153页。

[3] 中国第一历史档案馆、承德市文物局合编：《清宫热河档案》第2册，中国档案出版社，2003年，第329~330页。

表1-1 乾隆三十六年普庙施工进度情况表

	六月初六日	六月初十日	六月十六日	七月初七日	七月十八日
都纲殿	金檐柱已经竖立，下檐枋梁安得，现在摆安斗科；上檐安枋梁，随安斗科，谨择于六月十五日辰时上梁	上檐摆斗科，已安抹角梁，现上架海梁，下檐钉椽望	下檐现苫二层灰背，上檐现钉椽望，随即苫背	上下檐铜瓦等件盖瓦均有八成，其余二成约于二、三日内可以瓦完；殿内现安天花、铺墁石砖，殿外安砌踏跺	上檐、下檐镀金铜瓦俱已瓦完，其镀金铜顶因续添莲蕊，现在赶办，一俟做得，即行安装；殿内天花安得；地面石砖并殿外踏跺俱完，现在出细；其柱木装修俱单披灰油饰
四层群楼	柱木竖得，现上承重枋梁	柱木竖得，现上承重间枋	柱木竖得，南面承重间枋已安，现上北面承重间枋	竖立已得，上层楼板钉完，苫背已有七成，下檐成砌槛墙，安钉装修，随墁地面	四面琉璃挂檐砖俱已安得，楼顶苫背已完，现墁面砖；油饰柱木、窗隔、横楣、栏杆，内里糊饰，院内铺墁甬路
御座三层楼	柱木枋梁已经竖立，现钉楼板	钉安挂檐板，安装修，铺墁地面	挂檐板装修已得，现墁地面砖，安隔断板	顶板并装修、地面俱完	柱木装修油饰已得，现在糊饰，安内里装修
二层群楼	柱木竖得，现安枋梁	柱木竖得，现安承重间枋	承重间枋方得，现铺钉顶板	糊饰二层群楼顶板，并装修安得，现今铺墁方砖	柱木装修油饰已得，现在糊饰，安内里装修
七辈喇嘛楼				扇面墙、槛墙并装修俱得，现墁地面	柱木装修油饰已得，现在糊饰，安内里装修
九间房	大木已经竖得，头停已墁方砖，现安装修	装修安得，现铺墁地面砖	装修地面砖已得，现安隔断板	完竣	
呀曼达噶楼	大木已经竖得，现在苫背，铺墁地面方砖，安装修	头停铺墁方砖、安装修俱得，现安做青白石神台	头停铺墁方砖，并装修俱得，青白石神台已安，现在出细	完竣	

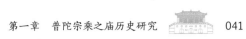

续表

	六月初六日	六月初十日	六月十六日	七月初七日	七月十八日
八方殿	接砌磉墩，包砌台帮，随安柱顶	接砌磉墩、包砌台帮，安柱顶	接砌磉墩，包砌台帮	竖木已得，现钉椽望，随行苫背	苫背已得，俟镀金铜瓦到齐，检验甄选，即行盖瓦；柱木装修俱已油饰，殿内安钉天花，铺墁地面方砖，殿外安砌踏跺
六方殿	接砌磉墩，包砌台帮，随安柱顶	接砌磉墩、包砌台帮，安柱顶	安柱顶	竖木已得，现钉椽望，随行苫背	苫背已完，随瓦镀金铜瓦，殿内现安天花、铺墁地面方砖、油饰柱木装修；殿外安砌踏跺
东曲尺白台	拆砌台帮，已拆至大料石，现在接砌红砂大料石	应拆砌台帮，已拆至大料石，现在接砌红砂大料石，安得六层，现安第七层	红砂大料石安得十一层，现安第十二层，南北两面接砌台帮	城砖台身砌得，现安挂柱顶，竖立大木	白台楼座顶板安完，现今苫背，成砌扇面墙、槛墙，安钉装修
碑阁	油饰彩画出细	油饰彩画完竣，现钉檐樘	油饰彩画、踏跺、栏杆并檐樘俱得	完竣	
琉璃牌楼	方柱、大额枋已安，中间石區安得，现安琉璃斗科	方柱大额枋已安，两次楼摆安斗科，明间石區已安，现安上层额枋	中楼、次楼斗科安得，现安石角梁	完竣	
石狮石象		（已）做得，石座花纹出细	做得，石座花纹出细	完竣	
叠落墙		现在成砌	墙身砌得，现安琉璃拔檐	完竣	
嘛呢杆				四根俱已竖得，现安夹杆石	现安夹杆石
甬路					山门至大红台一带甬路已完，现今清理各处地面

三十六年八月十二日一档所载，此次火灾造成的"重修工料约三十余万两"①。综上所述，在普庙工程完竣之际的这场回禄之灾实为严重，它是造成乾隆三十六年普庙工程攒急吃紧的直接原因。

二、普陀宗乘之庙陈设、供器的造办

据道光年间统计，普庙所有的陈设及供器为九千九百三十九件②。如此之多的陈设、供器物品，并非是在普庙庙工竣成之时一应做毕，而是逐年造办而成。据查《清宫热河档案》，记录造办普庙陈设、供器的档案有多宗，一部分陈设、供器为普庙施工期间造办，另一部分为普庙完竣之后造办。现见于档案中为普庙造办陈设、供器的最早记录为乾隆三十二年十月十八日，"大臣三和将热河布达拉红台上供六品佛楼上下烫样一座，画佛像纸样五张并佛格纸样一张交太监胡世杰呈览，奉旨俱照样准做。其佛像柜格、桌案、供器即交各该处，敬谨办理，不致临期有误"③。最晚一次记录为乾隆五十七年（1792）随园造办处为普庙做"挂龛对一分，二号云头钉九件"和内务府造办处为普庙承做新欢门幡三堂④。为普庙造办陈设、供器的主要承做机构有内务府、武备院、养心殿、中正殿、随园造办处等机构，其中大部分陈设、供器主要由内务府造办处下设的珐琅作、铸炉处、匣裱作、金玉作、如意馆等各作坊完成。

三、普陀宗乘之庙工程工料、匠费

乾隆三十六年十二月二十二日《工部尚书福隆安等奏报布达拉庙工程账册正在核算片》一档载："臣福隆安等谨奏：臣等遵旨将布达喇等处工程账册派员详细核算，但查该工账册共有八百余本，头绪纷繁，一时实难完竣。已多派算手，上紧核算，俟查办完毕，将应行增减之处另行奏闻后，仍令该工自行照例奏销。其所借热河道库银二十万两，俟工程统行完竣后，再行由养心殿库内领拨归款。"⑤但详查这一时期历史档案，并未查得普庙庙工所需木、砖、瓦、石、灰、土等大宗工料及匠费的奏销黄册，仅查得部分档案对

① 中国第一历史档案馆、承德市文物局合编：《清宫热河档案》第2册，中国档案出版社，2003年，第369页。
② 石立锋校点：《热河园庭现行则例》，团结出版社，2012年版，第260页。
③ 中国第一历史档案馆、承德市文物局合编：《清宫热河档案》第2册，中国档案出版社，2003年，第68页。
④ 中国第一历史档案馆、承德市文物局合编：《清宫热河档案》第7册，中国档案出版社，2003年，第192页。
⑤ 中国第一历史档案馆、承德市文物局合编：《清宫热河档案》第2册，中国档案出版社，2003年，第408页。

木、砖、石、鎏金鱼鳞铜瓦以及总工程费用有粗略记载。在此述列如下：

木料：普庙所需木料大部分是从围场砍伐的木植，部分为其他行宫工程完毕后所剩旧木料和与木材商人采买之木料。对普庙所用木料情况，《署热河副都统玛常等奏请动支银两砍办拉运围场木植折》、《和尔经额等奏闻布达拉庙工所需木料业由围场及喀喇河屯等处运至成做折》、《内务府总管三和等奏闻布达拉庙工程应用木植运到数目并酌留助运车辆缘由折》[1]等档案均有提及，但依档案内容未能查得普庙所用木料之量。

砖、石：是普庙工程所需的大宗材料。乾隆三十六年六月初六日《和尔经额等奏闻拉运布达拉庙工应用砖块京车留用数目折》一档载："奴才和尔经额永和率同在工官员详加查算，共约需砖二百五万六千余块，内今除由京初运一次，计砖十七万五千块，本工选得堪用旧砖五十一万块，本处各窑得砖九十万块，再除豆渣石、红砂石抵用砖二十九万块，核计不敷应用，又购办附近民窑砖十三万四千块，取用各处行宫存贮旧砖二万二千块，连小砖折算通盘核计，共得砖二百三万一千块，尚不敷砖二万五千余块，仍在本处各窑添坯赶造，始能足用。"[2]由此档可知，普庙工程所需青砖为205.6万余块，如此大的青砖用量，除了使用各处行宫存贮的旧砖外，主要为京窑、热河官窑、热河附近民窑所烧制，现大红台西侧圆白台内的文字砖（图1-18），就是普庙用砖来源的实物资料。根据现场勘察，普庙所用石料主要为豆渣石、红砂岩和鹦鹉岩三种，依档案所载，豆渣石和红砂岩的用量大约抵29万块砖。

鎏金铜质构件：乾隆三十六年《工部尚书福隆安等奏报成造布达拉庙工程应用镀金铜瓦等项得余平金回缴片》[3]和乾隆三十七年五月二十三日《内务府总管三和等奏销布达拉庙工程用过金叶铜斤等项数目折》[4]两档均是对普庙所用鎏金鱼鳞铜瓦费用的核对档案，后者在时间上晚于前者，其所述鎏金鱼鳞铜瓦的工费应更为详细和准确。根据乾隆三十七年《内务府总管三和等奏销布达拉庙工程用过金叶铜斤等项数目折》所述情况进行核算，普庙三座鎏金鱼鳞铜瓦所用金叶为6646.584两，红铜条115896.2斤，买办杂料、匠夫工价、雇觅抬夫、买办筐杠绳斤、告验瓦片、脊料成砌等项实用匠夫工等杂项费用合计用银67433.804两。

乾隆三十七年三月二十二日《总管内务府奏报查核布达拉庙等工所领款项并领过银两数

① 中国第一历史档案馆、承德市文物局合编：《清宫热河档案》第2册，中国档案出版社，2003年，第45~49页、329~330页、336~337页。

② 中国第一历史档案馆、承德市文物局合编：《清宫热河档案》第2册，中国档案出版社，2003年，第333~335页。

③ 中国第一历史档案馆、承德市文物局合编：《清宫热河档案》第2册，中国档案出版社，2003年，第412页。

④ 中国第一历史档案馆、承德市文物局合编：《清宫热河档案》第2册，中国档案出版社，2003年，第490~491页。

图1-18 文字砖

（来源：自摄）

目片》一档对普庙工程的总费用进行了粗略的核算，"自乾隆三十二年起，领过养心殿库银一百七十二万四千六十两零，热河道库银二十万两，古北口余剩赏恤银九千三十两零，崇文门银四百两，明山保等赔交银三千三百两，共领过银一百九十三万六千七百九十八两五分。内布达喇庙建造都罡殿、亭、楼、台、塔等项，前后共用过银一百四十八万六百三十五两六钱一分零，其余银两询问该监督等，据称尚有砍伐木植并粘修清音阁等处，开挖河道挪盖民房等工，共用过银五十八万一千四百四十余两外，现存银一千三百八十六两零"。①

① 中国第一历史档案馆、承德市文物局合编：《清宫热河档案》第2册，中国档案出版社，2003年版，第469~470页。

四、普陀宗乘之庙肇建工程的机构建制以及竣工之后的守护管理机构

（一）普陀宗乘之庙工程的机构建制

1.清代工官制度

我国古代很早就形成了完善的建筑工程管理体制。周代，国家的最高工官称为"司空"，汉代改为"将作"，掌修宗庙、路寝、宫室、陵园土木之工。到西汉，称为"将作少府"，东汉改为"将作大匠"，后又称"少匠"或"少监"，到隋朝的时候在中央政府设"工部"。唐朝至清代，在中央设立六部，"工部"的职能逐渐趋于完善，形成了完整的工官制度。工官制度是中国古代中央集权与官本位体制的产物，用以掌管全国的土木建筑工程和各种工务；工官是城市建设和建筑营造的具体掌管者和实施者，对古代建筑的发展有着重要的影响。

清代工部设于天聪五年（1631），是管理全国工程事务的机关，职掌土木兴建之制，器物利用之式，渠堰疏降之法，陵寝供亿之典。凡全国之土木、水利工程、机器制造工程（包括军器、军火、军用器物等）、矿冶、纺织等官办工业无不综理，并主管一部分金融货币和统一度量衡。清工部下设四司：营缮清吏司，具体负责估修、核销坛庙、宫府、城垣、衙署、府第、仓库、廨宇、营房、京城八旗衙署、顺天贡院、刑部监狱等工程，隶属机构有琉璃窑、皇木厂、木仓等。虞衡清吏司，掌制造、收发各种官用器物、核销各地军费、军需、军火开支，另外还主管全国度量衡制及熔炼铸钱，采办铜、铅、硝磺等事，隶属机构有司库、军需库、硝磺库、铅子库、炮子库、官车处、措薪厂等。都水清吏司，掌稽核、估销河道、海塘、江防、沟渠、水利、桥梁、道路工程经费，核销河防官兵俸饷、修制祭器、乐器；征收船、货税及一部分木税，隶属机构有皇差销算处、冰窖、彩绸库等。屯田清吏司，掌陵寝修缮及核销经费、支领物料，主管四司工匠定额与钱粮等事，管理各地开采煤窑及供应官用薪炭等。除四司外，清设立内务府，管理宫廷事务。内务府下设营造司，分管宫苑建筑，除重大项目会同工部办理外，主要承办岁修及寻常维修工程事务；造办处，分管皇家建筑内外陈设、器物等的制作；料估所，掌估工料之数及稽核、供销京城各坛庙、宫殿、城垣、各部院衙署等工程。

清代，随着手工业商品经济的发展，匠户对封建国家的人身依附关系日趋松弛，匠籍制度严重影响了政府的官营生产。顺治二年（1645）谕令："免山东章邱、济阳二县京班匠价，并令各省俱除匠籍为民。"[1]至此雇工制度取代了明代的匠籍制度，皇家钦定工

---

① 《清世祖实录》，卷16，顺治二年五月庚子，中华书局影印，1985年，第146页。

程也转为工官督理、招商承包,建筑营造队伍多由私营厂商招雇,在监工官员的监督下进行营建,这深刻地影响了清代的工官制度体系。随着钦定工程的大木制作逐渐形成高度模数化体系,以及土、石、瓦、彩画等匠作分工日趋明细,国家建筑工程经济核算定额标准应运而生,诸如《工程做法则例》《内廷工程做法则例》《工料则例》《物料价值则例》《材料重量例》等,同时在核算奏报工程费用方面形成了系统的销算黄册制度,即对于各钦定工程的报销或例应造报情况,均需缮造黄册,随题本进呈御览,钦准核销,并另备清册为副本,分送各部科以互相稽查。

2.普陀宗乘之庙工程钦派承修大臣

普庙工程,是国家钦定工程,规模宏大,质量要求严苛,人力、物力、财力耗费巨大,且施工工期较长,难度较大,鉴于以上情况,一般从朝廷选派廉洁干练、深受皇帝宠幸的大臣承工管理。

据乾隆四十年(1775)十二月十六日《工部尚书福隆安奏覆修理布达拉庙工程应行赔修之项过多其部分赔缴外余着宽免》一档所载,普庙工程原管、续派大臣官员共有十七员,管工大臣为三和、英廉、和尔经额、永和、三格,前后修工及并续派监督为:萨哈亮、石宝、额尔金布、常昇、常德、福尔讷、明德、岐鸣,除此之外,此档中还提到了主要分赔庙工费用的两位承办官员寅著和全德①。寅著和全德均为热河总管,根据其官位推测,他们应为朝廷钦派的管工大臣。故普庙工程的承修大臣为三和、英廉、和尔经额、永和、三格、寅著和全德七位大臣,工程监督为萨哈亮、石宝、额尔金布、常昇、常德、福尔讷、明德、岐鸣等八人。另外,朝廷除了从中央钦派承修大臣及工程监督以外,还旨令地方官员助办工程。在普庙施工期间,直隶总督杨廷璋和热河兵备道台明山保曾帮办庙工所需运输车辆等②。

钦派普庙承修大臣:

三和(?~1773),纳喇氏,满洲镶白旗人。初授护军校,累迁一等侍卫。乾隆六年,授总管内务府大臣,迁户部侍郎,调工部,复调还户部。乾隆十四年,擢工部尚书。寻降授侍郎,调户部,复调还工部。乾隆三十二年,授内大臣。乾隆三十八年,卒,赐祭葬,谥诚毅。③

英廉(1707~1783),字计六,冯氏,内务府汉军镶黄旗人,清朝大臣。雍正十年举

① 中国第一历史档案馆、承德市文物局合编:《清宫热河档案》第3册,中国档案出版社,2003年,第461~464页。

② 中国第一历史档案馆、承德市文物局合编:《清宫热河档案》第2册,中国档案出版社,2003年,第117、330页。

③ 赵尔巽等撰:《清史稿》列传七十八,中华书局,1977年,第10285页。

人。自笔帖式授内务府主事，累迁内务府正黄旗护军统领。外授江宁布政使，兼织造。英廉以父老，乞留京师，赐二品衔，授内务府大臣、户部侍郎。[1]

和尔经额，为孝淑睿皇后（1760~1797）喜塔腊氏之父，是为总管内务府大臣、副都统。[2]

永和（？~1785），逊嫔沈佳氏之父。正黄旗白土秀佐领下，乾隆二十六年五月由护军统领武备院卿放为热和总管，三十年九月放为打牲乌拉总管，三十四年正月加内务府大臣衔，仍管总管事务，三十六年五月因布达拉庙回禄革职留任，三十八年五月仍复原职，四十年三月因收贮蒙古包污渍降为卿衔，四十年七月因布达拉庙大红台闪裂革职，仍管理总管事务，四十一年复职赏给参领，仍管理总管事务，四十三年十二月放武备院卿兼热河总管，四十五年五月二十四日加总管内务府大臣衔，总理工程兼热河总管，五十年病故，奉旨灵柩进京。[3]

三格，镶黄旗英廉佐领下，乾隆二十八年由内务府郎中升授总管，三十四年升任专管工程事务。[4]

寅著，镶黄旗四十七管领下，乾隆三十五年由内务府郎中升授总管，三十五年任江宁织造。[5]

全德，正黄旗刘灏佐领下，乾隆三十五年由内务府员外郎中升授总管，三十七年升任江宁织造。[6]

（二）普陀宗乘之庙工程竣工后的守护管理机构

1.寺庙兵备守护情况

普庙庙工竣工之后，普庙作为皇家寺庙，其安全主要由添设的弁兵负责。关于普庙添设弁兵的情况如下：

乾隆三十六年（1771）九月二十七日热河副都统三全、总管永和缮清字折奏称："布达拉庙告成，应添设弁兵看守。庙内除将直督杨廷璋奏准，裁撤唐三营看仓正千总一员、副千总二员、兵二十八名之外，再添兵二十二名，共设兵五十名。庙门添设驻防官一员，兵十名，分别看守，并派驻防催长多屫、苑副李茂稽查管理。庙外派绿营弁兵看守等因俱奏。"[7]

① 赵尔巽等撰：《清史稿》列传一百七，中华书局，1977年，第10768页。
② 赵尔巽等撰：《清史稿》列传一，中华书局，1977年，第8920页。
③ 石立锋校点：《热河园庭现行则例》，团结出版社，2012年，第5~6页。
④ 石立锋校点：《热河园庭现行则例》，团结出版社，2012年，第5~6页。
⑤ 石立锋校点：《热河园庭现行则例》，团结出版社，2012年，第5~6页。
⑥ 石立锋校点：《热河园庭现行则例》，团结出版社，2012年，第5~6页。
⑦ 石立锋校点：《热河园庭现行则例》，团结出版社，2012年，第123页。

乾隆三十七年（1772）七月初四日奉三大人谕："布达拉庙西边建盖之千总、兵丁房间，蒙上问及，经本堂回奏，房间俱已修盖完竣，现交热河总管等。"①乾隆三十七年在普庙之西修建了看守兵丁的居住之所。

乾隆四十六年（1781）闰五月二十日，《总管内务府大臣和珅缮清字折》奏报热河行宫及周围寺庙所派弁兵人数情况，奏报普庙看守陈设兵丁为二十人，乾隆帝朱改为十名。②

嘉庆十七年（1812）十一月，苑丞唐训等呈报热河各处行宫及避暑山庄周围寺庙官弁升调拨补之事，其中奏报"布达拉副千总二名、委署副千总一名、委署（官署缺员时的临时代理官员）八名、梅勒（清代八旗军官职名，按班章京相当于总兵，梅勒章京相当于副将，此处梅勒应为一副职）十二名、兵十九名，共三十九名（内食二两钱粮十名），苏拉（苏拉满语为闲散之意，亦指一般闲散的人，后指担任机构中庭务之人）四名"。③

2.寺庙供养喇嘛情况

普庙庙工竣工之后，内设喇嘛，以掌管寺庙诵经、上香等日常事务，由于庙内喇嘛人数众多，政府供养负担较重，随着清朝的衰败，国力的减退，逐渐开始裁汰"外八庙"诸寺所供养的喇嘛，以缩小财政开支，减轻政府压力。关于普庙添设喇嘛情况如下：

乾隆三十七年五月初四日《总管内务府奏请布达拉庙添设喇嘛应领食米交地方官采买入仓用过确数咨部核销折》载："新建布达拉庙添设喇嘛三百名，内每名每月食三斗米之喇嘛五十名，食二斗米之喇嘛二百五十名……今布达拉庙新设喇嘛二百名……此项喇嘛口粮应需米石自应添买备用。"④

道光十八年（1838）二月十五日，热河都统文开奏报热河各庙实在出缺喇嘛及米石细数，其中"布达拉：堪布一名（裁）、达喇嘛一名、副达喇嘛三名（裁汰二名，现存一名）、苏拉达喇嘛一名（裁）、得木齐四名（裁汰二名，现存二名）、格斯贵二名、食二两喇嘛一百名（裁汰五十名，现存五十名）、食一两五钱喇嘛二百名（裁汰一百名，现存一百名）"。⑤

道光二十六年（1846）四月十八日《理藩院尚书吉伦泰等奏陈应裁热河喇嘛钱粮数目情形折》所附《热河各庙喇嘛班第额缺裁留数目清单》载："普陀宗乘之庙额设办事达喇嘛一缺，乌木咂特副达喇嘛一缺，教习副达喇嘛二缺，办事苏拉喇嘛一缺，得木齐四缺，格斯贵二缺，今请裁乌木咂特副达喇嘛一缺，教习副达喇嘛一缺，办事苏拉喇嘛一缺，得

① 石立锋校点：《热河园庭现行则例》，团结出版社，2012年，第121页。
② 石立锋校点：《热河园庭现行则例》，团结出版社，2012年，第55页。
③ 石立锋校点：《热河园庭现行则例》，团结出版社，2012年，第71页。
④ 中国第一历史档案馆、承德市文物局合编：《清宫热河档案》第2册，中国档案出版社，2003年，第472页。
⑤ 石立锋校点：《热河园庭现行则例》，团结出版社，2012年，第397页。

木齐二缺，请留办事达喇嘛一缺，教习副达喇嘛一缺，得木齐二缺，格斯贵二缺。"①

　　1930年，斯文•赫定来到普庙。他在《帝王之都——热河》一书中对普庙喇嘛的境遇描述道："据神甫热•欧普贝尔根的报告所讲，1911年时，这里尚有喇嘛600人。可是当我们来访时，只剩100人左右了。他们当中的大部分人好像是到牧民的村落中讲经传道，当化缘僧去了。我们在小布达拉宫见到的僧侣，为数甚少，他们看上去是一副可怜、落魄的样子。市政当局每月发给他们一点救济金。只靠这点微薄的救济金是无法维持生活的。连那紫红色、淡红色制式僧衣都穿不上，所以，他们的衣着和叫花子没什么区别，谁也不理睬他们，也没有人施舍一分钱用以维护这些在中国所有建筑当中可谓尽善尽美的寺庙，照此下去，再过一二十年，它们难免化为一片废墟。"②至1930年，普庙喇嘛为数甚少，喇嘛们因为生计所迫，已无暇维护寺庙的日常事务了。

————————

① 中国第一历史档案馆、承德市文物局合编：《清宫热河档案》第16册，中国档案出版社，2003年，第161页。

② （瑞典）斯文•赫定著，于广达译：《帝王之都——热河》，中信出版社，2008年，第18页。

第四节

普陀宗乘之庙的历代维修

一、清代对普陀宗乘之庙的维修

（一）乾隆朝对普陀宗乘之庙的维修

1.乾隆朝普陀宗乘之庙的损坏情况

乾隆朝，普庙的损坏主要发生在乾隆四十年（1775）。乾隆四十年十二月十六日《工部尚书福隆安奏覆修理布达拉庙大红台千佛阁等项银两由管工修工各员分赔折》载，乾隆四十年，除了大红台群楼南墙坍塌之外，千佛阁和大红台群楼顶部均出现渗漏情况。全部的修缮费用为四十二万三百五十五两三钱五分五厘，修理大红台群楼顶部渗漏费用为四千九百四十八两三钱七分六厘，修理大红台墙体及千佛阁等工应赔银四十一万五千四百六两九钱七分九厘[①]。乾隆四十二年（1777）五月十二日《工部尚书福隆安奏请将布达拉庙工采办石料增加钱粮着落管工大臣等赔给折》载："四十年间因庙内一座坍塌，重修总理工程大人仍派令我们承办豆渣石五六万丈，定限于去年正月内拉运到工。"[②]据历史档案对维修所需费用及石料情况的记载，可知大红台群楼和千佛阁的损坏情况是十分严重的。

2.大红台群楼南墙坍塌时间小考

乾隆四十年七月十八日《内务府总管英廉奏报遵旨查办承修布达拉庙监督拜唐阿匠头情形折》："本月十五日，由本报接到尚书忠勇公福隆安寄到钦奉谕旨垂示布达拉庙坍塌情由，令奴才查办该工监督拜唐阿匠头一事，奴才恭读之下实深惊异。"[③]乾隆四十年八

① 中国第一历史档案馆、承德市文物局合编：《清宫热河档案》第3册，中国档案出版社，2003年，第461~463页。

② 中国第一历史档案馆、承德市文物局合编：《清宫热河档案》第4册，中国档案出版社，2003年，第111页。

③ 中国第一历史档案馆、承德市文物局合编：《清宫热河档案》第3册，中国档案出版社，2003年，第439页。

月初七日《九江关监督全德奏谢免于革职只令分赔布达拉庙修补工程用银之恩折》："奴才跪读之下，知布达拉庙月台红墙闪裂坍塌，不胜惊惧。"①可知乾隆四十年七月普庙大红台的南立面墙体坍塌。查阅乾隆四十年五月至九月《乾隆帝巡幸木兰应用藏香账簿》一档，在这一期间，乾隆帝至普庙拈香一共有三次，分别是六月初四日用头号红香四支、二号红香十八支，六月十八日用头号红香二支、二号红香十一支，七月初一日用头号红香二支、二号红香一支②。其中第三次仅用二号红香一支，所用数量与前两次相比大幅缩减，这很有可能与大红台南立面墙体坍塌之事有关，乾隆皇帝此次至普庙拈香很有可能是为大红台南墙体坍塌之事祈福；大红台南墙坍塌之事发生的时间应在乾隆四十年七月初一日之前不久的某一天，即乾隆四十年六月底，而乾隆四十年七月十八日折中所提到的七月十五日是接到福隆安所寄钦奉谕旨的时间，并不是大红台南墙体坍塌的时间。

3.大红台群楼坍塌的原因

乾隆四十年七月十八日《内务府总管英廉奏报遵旨查办承修布达拉庙监督拜唐阿匠头情形折》、乾隆四十年七月二十日《谕工部尚书福隆安原办布达拉庙工程匠头着免派令重修于应领工价内扣除赔缴》等折将此次大红台南立面墙体坍塌的原因归结为"承修官员，下至匠役，其中由弊混而生草率之情伪，不问可知"，"乃明分暗减，只知罔利，并不实力修做，以致有今日坍倒"③。乾隆帝在四十一年庚子月所作《瞻礼普陀宗乘之庙因题》御制诗的自注中言道："昨岁夏秋多雨，庙之南面红墙颇驰，牵引上层楼阁亦有倾者，即遣大臣勘验，知系原工筑土未坚，雨水渗入，至墙基鼓裂层卸而下，皆由前此承办各员不谙作法，尚非侵冒误工，故不加深谴。因命易大块石为基，层层夯筑，经楼、佛阁重加葺治，未逾年而藏工，闳整如前而巩固较胜于旧。"④现大红台群楼下部砌筑的24层花岗岩大石块即为乾隆帝所言"大块石为基，层层夯筑"的证明（图1-19）。与大臣们相比，乾隆帝对墙体坍塌原因的分析更为客观和准确，其将墙体坍塌之因归结为：其一，乾隆四十年雨水较多，雨水下渗严重；其二，台体基础下沉，筑土未坚；其三，承办各员不谙作法，尚非侵冒误工。故乾隆皇帝在此次墙体坍塌之事的追责问题上，未加深谴，仅罚相关监管工事人员分摊赔付修缮之费，监管红墙工事的寅著和全德仅"着加恩免革顶带，并免

---

① 中国第一历史档案馆、承德市文物局合编：《清宫热河档案》第3册，中国档案出版社，2003年，第445页。
② 中国第一历史档案馆、承德市文物局合编：《清宫热河档案》第3册，中国档案出版社，2003年，第609~615页。
③ 中国第一历史档案馆、承德市文物局合编：《清宫热河档案》第3册，中国档案出版社，2003年，第439~442、444页。
④（清）和珅、梁国治编撰：《钦定热河志》，天津古籍出版社，2003年，第2805页。

图1-19 大红台群楼南立面
（来源：关野贞《热河》）

其革职"，三格虽然用九条锁拿办，但最后仅将其"从刑部拿解至热河，即从宽释放，另其监办修工"①。

4.维修费用及来源

乾隆四十年，除了大红台南墙坍塌之外，千佛阁和大红台群楼顶部均出现渗漏情况。全部的修缮费用为四十二万三百五十五两三钱五分五厘，修理大红台群楼顶部渗漏费用为四千九百四十八两三钱七分六厘，修理大红台墙体及千佛阁等工应赔银四十一万五千四百六两九钱七分九厘。此次大红台南墙坍塌之事，朝廷对工事相关人员进行了追责。除了对管工大臣等人从轻发落以外，并命管工大臣、修工监督相关人等分赔工程修缮费用。主要赔付摊分情况如下：

修理都罡殿群楼渗漏，加苫锡背，所需锡蜡五万一千三百余斤，应令寅著、全德赔缴计银四千九百四十八两三钱七分六厘。每员该银二千四百七十四两一钱八分八厘。

修理大红台等工应赔银四十一万五千四百六两九钱七分九厘，奉旨交寅著、全德赔十分之四，共应赔银十六万一千一百六十二两七钱九分二厘。每员该银八万三千八十一两三钱九分六厘。

其余银二十四万九千二百四十四两一钱八分七厘。管工大臣：三和（已故）、英廉、和尔经额、永和、三格（已故）以上五员拟赔四成，计银九万九千六百九十七两六钱七分四厘，每员该银一万九千九百三十九两五钱三分四厘。前后修工并续派监督：萨哈亮、石宝、额尔全布、常昇、常德、喜盛、富尔讷、明德、岐鸣（已故），以上九员拟赔六成，计银十四万九千五百四十六两五钱一分二厘。每员该银一万六千六百一十六两二钱七分九厘。

统计各款共赔银四十二万三百五十五两三钱五分五厘。

查原任内大臣三和、原任卿三格等应赔银两，理宜在各员家属名下着追，且三格始终管理此工，系尤当赔补之人，但该员家产前经奉旨查抄，无可着追。再查三和家无厚产，亦难完缴，且该员俱已病故。今拟将伊等应赔银两即着落英廉、和尔经额、永和、寅著、全德分赔。

至修工监督、原任员外郎岐鸣亦已病故，该员应赔银两请即摊入同事监督萨哈亮、石宝、额尔全布、常昇、常德、喜盛、富尔讷、明德名下赔缴。②

① 中国第一历史档案馆、承德市文物局合编：《清宫热河档案》第3册，中国档案出版社，2003年，第444、449页。

② 中国第一历史档案馆、承德市文物局合编：《清宫热河档案》第3册，中国档案出版社，2003年，第461~464页。

（二）嘉庆朝至清末普陀宗乘之庙损坏及粘补修缮情况

1.大红台群楼

嘉庆十一年（1806）十月十八日《热河都统庆杰等奏请派员堪估布达拉等十一处庙宇应修十二项活计折》载："……热河布达拉等十一处庙宇所有殿座房间，经今年夏秋以来雨水浸淋，有渗漏残坏、墙垣闪裂、坍塌各情形……此内惟查布达拉大红台四面群楼一顶沉陷渗漏，并罗汉堂应真普现大殿柱木糟朽沉陷、墙垣闪裂、神台走错。各情形虽属较重，尚可缓待。"[①]嘉庆十一年，由于夏秋雨水，普庙大红台群楼的顶面出现了沉陷渗漏的情况，虽属严重，但由于其粘修工程较大、维修费用较高而被缓待搁置。至嘉庆十二年（1807）十月，布达拉大红台四层群楼台顶的渗漏情况更为严重，"台顶裂缝、沉陷，渗漏直至下层，情形虽属较重，但工程浩大，未便即行请修，是以停缓"，仅委派热河副都统福长安"不时前往查察，设若情形增重不能缓待再行具奏"[②]。时至嘉庆十六年六月，普庙大红台顶沉陷、渗漏的情况已至不可不修的程度，嘉庆皇帝派遣热河总理工程大臣常福查勘普庙，并进行查量核估[③]。嘉庆十六年八月初六日，谕旨内阁大学士桂著"不必随进木兰，着留住热河，会同微瑞察看普陀宗乘庙工俟"[④]。至嘉庆十六年下半年开始了对普庙大红台四面群楼台顶的粘补修缮工程。嘉庆十七年七月二十七日谕旨："奉旨此次普陀宗乘庙工修理甚为坚固，承办各员尚属认真，所有管理工程之总管内务府大臣常福、微瑞并前任热河总管祥绍、阿明、阿如任内有降级处分，着加恩开复二级……"[⑤]可知此次对普庙大红台四面群楼台顶的粘补修缮工程至嘉庆十七年七月底完成。此次维修工程的承修人员主要是："布达拉庙工承修大臣常福、微瑞，前任热河总管祥绍、阿明、阿如。布达拉庙工监督：内务府郎中达林，员外郎永庆，热河苑丞石良功、杨廷佐。监修：八品司匠定珠。堂笔贴式：景椿、恒梧。笔贴式：王录。修补笔贴式：吉善。库守：保麟。副千总：王璈。"[⑥]

嘉庆十七年完成了对普庙大红台四面群楼台顶沉陷渗漏的粘补修缮，与其说这次工程是一次粘补修缮工程，还不如说其为一次对大红台整体形制的改建工程，因为此次维修工程并不是对大红台顶面沉陷渗漏的粘补维修，而是直接将大红台群楼沉陷渗漏的第四层去掉，把四层的大红台群楼改建为三层。关于大红台群楼由四层变为三层，杨煦先生在《热

①中国第一历史档案馆、承德市文物局合编：《清宫热河档案》第10册，中国档案出版社，2003年，第497页。
②中国第一历史档案馆、承德市文物局合编：《清宫热河档案》第10册，中国档案出版社，2003年，第558页。
③中国第一历史档案馆、承德市文物局合编：《清宫热河档案》第12册，中国档案出版社，2003年，第29页。
④中国第一历史档案馆、承德市文物局合编：《清宫热河档案》第12册，中国档案出版社，2003年，第69页。
⑤中国第一历史档案馆、承德市文物局合编：《清宫热河档案》第12册，中国档案出版社，2003年，第184页。
⑥中国第一历史档案馆、承德市文物局合编：《清宫热河档案》第14册，中国档案出版社，2003年，第358页。

河普陀宗乘之庙乾隆朝建筑原状考》[①]一文中做了详细的论证。大红台作为普庙的主体建筑，其整体上的这一变化在普庙历史上显得尤为重要，在此参考杨煦先生之作，结合自己所掌握的历史资料，考述如下：

从前文《乾隆三十六年部分建筑施工进度情况表》（表1-1）可知，大红台群楼为四层建筑，即表中所言及的"四层群楼"，直至嘉庆十二年十月福长安奏报大红台群楼渗漏塌陷情况时仍记述大红台群楼为四层建筑[②]。据乾隆四十年《造办处承做热河活计档》所载，大红台南群楼内的两座木塔"通高四丈二尺一，下径一丈一尺六寸"[③]，两座木塔的高度折合现在尺寸约为12米左右，现大红台群楼每层的高度约为3.5米，按照四层计算，两座木塔正好放入群楼之内，可见当时两座木塔的尺寸是参照当时大红台群楼四层的总高度来造办的。除了文献资料外，由宫廷画师绘制的乾隆三十六年普庙落成典礼法会的《万法归一图》（图1-17），以及《钦定热河志》所附的普庙全图（图1-12），也证实了普庙大红台群楼原为四层。

至道光、光绪朝，档案中记载的大红台群楼变为了三层。道光十五年（1835）闰六月二十八日奏报："热河布达拉大红台内四面三层群楼铺板、大木、承重间枋间有糟朽，平台顶之南面沉陷情形过重，屡经呈报在案……"[④]光绪三十年（1904）十一月三十日奏陈："殿外四面群楼系平台式上下三层，每面十二间，其东西角有亭二座……东北角所存群楼六间，凌空复道为东通最上层楼无量寿佛阿曼达噶壇城，西通大乘妙峰绝顶高楼悬渡必由之路，尤不得不赶紧保护以全完善之处。"[⑤]

查阅嘉庆至光绪朝期间关于普庙的历史资料，除了见嘉庆十六年（1811）至嘉庆十七年（1812）对大红台群楼的维修档案资料外，并未见其他时间对大红台群楼的重大维修，故可推断大红台群楼由四层变为三层这一情况应发生在嘉庆十六年至嘉庆十七年的这次维修工程；现大红台顶面南侧的两座塔罩亭（东、西塔阁）、楼梯廊也应该是在此次维修工程中所兴建。添建塔罩亭来护罩原位于大红台群楼第四层内部的木塔塔身，以避风雨，添建楼梯廊以罩护"凌空复道"。另外在此次改建工程中，并没有对大红台群楼四层予以全部拆除，由于大乘妙峰绝顶高楼（"慈航普渡"殿）坐落于大红台群楼西北角的实体台座上，因而保留了"慈航普渡"殿、实心台座及台座周匝的11间，其中南面保留了7间，东面保留了4间。

在嘉庆十七年的这次维修工程中，大红台群楼由原来的四层变为了现在的三层。嘉庆帝对此次维修工程甚为满意，认为此次普庙庙工修理甚为坚固，并对承办各员进行了加级封

① 杨煦：《热河普陀宗乘之庙乾隆朝建筑原状考》，《故宫博物院院刊》2013年第1期，第41~68、153页。
② 中国第一历史档案馆、承德市文物局合编：《清宫热河档案》第14册，中国档案出版社，2003年，第558页。
③ 中国第一历史档案馆、承德市文物局合编：《清宫热河档案》第3册，中国档案出版社，2003年，第633页。
④ 中国第一历史档案馆、承德市文物局合编：《清宫热河档案》第15册，中国档案出版社，2003年，第78页。
⑤ 中国第一历史档案馆、承德市文物局合编：《清宫热河档案》第17册，中国档案出版社，2003年，第494页。

赏，但对此次庙工维修将大红台群楼由四层变为三层的情况在《奉旨奖励承办修理普陀宗乘庙工出力之总管内务府大臣常福等人》①一档中却只字未提，或许是对这次大改动的规避。

在嘉庆十七年的这次维修工程中，大红台群楼顶面塌陷、渗漏的情况虽得以解决，但是并没有完全使得大红台群楼经久坚固。道光十五年（1835）闰六月二十八日管庙苑丞盛详呈报："热河布达拉大红台内四面三层群楼铺板、大木、承重间枋间有槽朽，平台顶之南面沉陷情形过重，屡经呈报在案。兹复经今夏伏雨，南面西塔罩之西三间坍塌二间，所有西南二面海墁之水俱由坍塌之处顺溜溅入于二层、三层楼内流漫，其东面塔罩周围阶条台顶亦有沉陷之处，将及倾圮等情。呈请查办前来，奴才等即亲履详勘，与所报情形均属无异，但一时碍难修理，奴才等再四筹商，现值时雨之际，恐雨水灌入，有伤下二层楼房，是以即饬令该管苑丞千总等成搭码架罩棚，遮挡于沉陷漫流之处，周围成砌拦挡雨墙，以免现时雨水溅入之处，统俟经过大雨时行之后再行查看情形，恭折奏闻。"时过23年，大红台群楼三层顶面由于雨水下渗，再次出现塌陷、渗漏问题，但是由于国力衰败，道光帝对此次大红台群楼的损坏情况仅批复为"相机保护，毋庸请修"②。在此之后，大红台群楼三层顶部沉陷、渗水情况越来越严重，并开始逐渐塌毁。光绪二十二年（1896）十二月《热河总管衙门呈送园庭各处本年续坍殿宇房间数目清册》载："布达拉，都罡殿群楼坍塌十二间。"③光绪二十六年五月初十日热河总管恒启奏报因群楼坍塌，塔罩独立无倚，且通天柱木槽烂，角柱劈裂均有歪闪之势，情形甚重④。光绪三十年（1904）八月二十日热河总管英贤奏报："光绪三十年七月十七日辰刻东塔阁坍塌落地，将内设紫檀木塔并塔内供小铜像全行砸伤；光绪三十年七月二十六日戌时西塔阁坍塌落地，将内设紫檀木塔并塔内供小铜像全行砸伤。"⑤时至光绪三十年七月，由于群楼部分塌毁，于嘉庆十七年兴建的两座塔罩亭仅仅时经92年而塌毁。光绪三十年十一月三十日热河都统松寿奏报："（'万法归一'殿）唯东面头层殿檐从前东面群楼坍塌时已被砸伤三间半，现又将前面头层殿檐西四间全行砸坏，二层檐亦有残缺……又东北角所存群楼六间，凌空复道为东通最上层楼无量寿佛阿曼达噶坛城，西通大乘妙峰绝顶高楼悬渡必由之路，尤不得不赶紧保护以全完善之处。"⑥伴随着两座塔罩亭的塌毁，大红台群楼顶面也随之开始大面积的坍塌，根据光绪三十年十一月三十日热河都统松寿奏报，大红台群楼首先塌毁的是东面群楼，然后是南面群楼，最后是北面和西面群楼，"东北面群楼六间"应是最后塌毁的部分，但是大红

① 中国第一历史档案馆、承德市文物局合编：《清宫热河档案》第12册，中国档案出版社，2003年，第184页。
② 中国第一历史档案馆、承德市文物局合编：《清宫热河档案》第15册，中国档案出版社，2003年，第78页。
③ 中国第一历史档案馆、承德市文物局合编：《清宫热河档案》第17册，中国档案出版社，2003年，第346页。
④ 中国第一历史档案馆、承德市文物局合编：《清宫热河档案》第17册，中国档案出版社，2003年，第494页。
⑤ 中国第一历史档案馆、承德市文物局合编：《清宫热河档案》第17册，中国档案出版社，2003年，第491页。
⑥ 中国第一历史档案馆、承德市文物局合编：《清宫热河档案》第17册，中国档案出版社，2003年，第494页。

台群楼的塌毁，并不是大红台整体的塌毁，而是大红台内部群楼楼体的塌毁，外立面墙体并未塌毁，1965年和1973年的两张老照片可以证实（图1-20、图1-21）；另外随着两座塔罩亭及大红台群楼的塌毁，"万法归一"殿也被塌毁的群楼楼体和塔罩亭所砸伤。

由于清末国力衰败、民国时期战争动乱、建国初期国力待兴，普陀宗乘之庙大红台群楼并没有得到及时的保护和修缮，直至1986年国务院批准实施第二个《避暑山庄外八庙十年整修规划》，普庙大红台群楼、两座塔罩亭及楼梯廊得以复建。其复建的具体时间为1987年至1988年。其中大红台群楼的具体做法为：在原建筑基址的基础上打做钢筋混凝土地梁，各层柱、梁、楞、楼板均按照原木结构断面尺寸改作钢筋混凝土结构，柱础为红砂岩套式柱顶；各层的门窗装修均为木作，样式为一马五箭直棂窗；群楼顶面做防水找坡后铺墁方砖；彩画为金逐墨和玺彩画。两座塔罩亭的具体做法为：在群楼顶部的混凝土梁板

图1-20 1965年大红台群楼内部情况

（来源：外八庙管理处）

图1-21　1973年大红台群楼外立面情况

（来源：外八庙管理处）

上，水泥砂浆砌筑方石磉墩，按照原残存石料规格砌安台阶和台明石，亭子大木、斗栱均为木结构，建筑形制为方形重檐攒尖顶，五踩单翘单昂斗栱，黄琉璃绿剪边瓦顶，三交六椀菱花窗。楼梯廊的做法：基础做法同塔罩亭，大木和斗栱均为木结构，不同的是楼梯廊为单檐歇山卷棚顶，一斗二升交麻叶斗栱，黄琉璃绿剪边瓦顶，三交六椀菱花窗。

2.其他建筑

乾隆朝以后，除了对普庙大红台群楼的粘补修缮，还对寺庙的山门、僧房、经堂等建筑进行维修，其中道光十一年（1831）对普庙损坏的建筑，尤其是损坏的僧房进行了大规模的修缮。道光十一年三月郎中庆魁呈报："布达拉等九庙僧房二百九十七间内拆修二百十二间，揭瓦八十五间，门楼、门口三十一座，大墙、院墙、宇墙凑长四百六丈七尺。"[1]另外诸如千佛阁、九间房等建筑由于修缮费用较高而仅作架木保护或者拆除，最终由于年久失修而塌毁（图1-22、图1-23）。现将搜集到的乾隆朝之后清代普庙损坏及修缮的资料，整理列表如下（表1-2）。

---

[1] 中国第一历史档案馆、承德市文物局合编：《清宫热河档案》第14册，中国档案出版社，2003年，第531页。

图1-22　九间房现状

（来源：自摄）

图1-23　2003年千佛阁现状

（来源：外八庙管理处）

表1-2 嘉庆朝至清末普陀宗乘之庙损坏及修缮记事表

时间①	损坏及粘补修缮情况
嘉庆六年三月初八日	二山门外东边僧房楼一座，椽望糟杇，宇墙坍塌，押面石闪裂，挂檐砖吊落；西边库房楼一座，椽望糟杇，下檐承重扳榫，宇墙闪裂，挂檐砖吊落。（10-2）②
嘉庆六年三月初九日	二山门字匾一面，木植糟杇、油漆爆裂。（10-3）
嘉庆六年六月	西山沟僧房楼十九间，头停渗漏，木植糟杇，挂檐、押面石吊落，上层楼顶宇墙坍塌，将下层头停砸伤，瓦片破碎，椽望伤折。（10-10）
嘉庆八年二月十五日	揭瓦东讲经堂一座。（10-183）
嘉庆十年闰六月	揭瓦白台僧房十八间，拆修白台僧房八间、角门二座，修砌大墙一段长五丈八尺，各台座找补抹饰灰片六十三段，凑长六十七丈三尺七寸，补安琉璃八宝一件、角兽二只。（10-376）
嘉庆十一年六月十一日	补砌大墙三段，凑长六丈七尺。（10-414）
嘉庆十一年十月十八日	布达拉大红台四面群楼台顶沉陷渗漏。（10-497）
嘉庆十二年五月	揭瓦堆拨房十间，补砌西山门南边踏跺一座，长三丈四尺大墙二段，凑长七丈五尺，各台座抹饰红白灰片凑长九十四丈七尺。（10-512）
嘉庆十四年十月十七日	康卜僧房南面大墙坍倒二段，凑长十丈六尺。（11-534）
嘉庆十七年七月二十七日	奉旨此次普陀宗乘庙工修理甚为坚固，承办各员尚属认真，所有管理工程之总管内务府大臣常福、微瑞并前任热河总管祥绍、阿明、阿如任内有降级处分，着加恩开复二级。（12-184）
嘉庆二十一年二月初十日	东山门内揭瓦渗漏白台僧房五间，西面白台僧房楼十四间，拆修台顶，换安糟杇木植，拆砌闪裂宇墙。（13-119）
嘉庆二十一年五月十三日	吗呢杆四根，木植糟杇，内一根被风刮折。庙外僧房八间，又白台僧房五间，头停渗漏，椽望木植间有糟杇，墙垣闪裂。（13-131）
嘉庆二十一年六月初三日	千佛阁一座，头停渗漏过重，北面天花脱落，倘再经伏雨浸淋恐致倾圮，已用架木保护，现届大雨时行，均不便拆修，俟秋后雨水停歇，入于冬令奏请明春修理。（13-132）
嘉庆二十四年三月初一日	僧房三十七间内拆修十间，揭瓦二十七间。（14-5）
道光三年五月十六日	值房、库房十五间，头停渗漏，椽望糟杇，瓦片破碎，南面宇墙坍倒。（14-406）
道光三年七月二十二日	坍倒外围墙六段，凑长十六丈。（14-410）
道光九年五月二十八日	千备兵房墙垣坍、倒坏，情形较前尤重。（14-464）
道光九年十一月十七日	处值房五座，计十二间，拆修。（14-470）

---

① 表格中的所列的具体时间，为《清宫热河档案》所辑文献档案的谕旨或陈奏日期。

② 前一数字指代《清宫热河档案》所载本则史料的册数，后一数字指代刊辑本则史料的页数。

续表

时间	损坏及粘补修缮情况
道光十一年三月	布达拉等九庙僧房二百九十七间内拆修二百十二间，揭瓦八十五间，门楼、门口三十一座，大墙、院墙、宇墙凑长四百六丈七尺。（14-531）
道光十一年三月	拆修僧房十座，计五十四间；修砌大墙八段，凑长四十一丈五尺；院墙十二段，凑长二十二丈五尺八寸；随门楼一座、门口六座。（14-533）
道光十二年三月二十二日	九间房大木沉陷，于九年间保护。碑亭头停渗漏，木植糟朽，檐头向右坍塌，西山垂象踏跺坍倒。无量福海殿、都罡殿四面群楼头停台顶坍塌、渗漏、沉陷、木植糟朽。（14-568）
道光十三年	拆修值房五座十二间。（15-3）
道光十四年六月初六日	（九间房）头停坍塌，地脚沉陷，缘系倚就山势高低叠落抱砌。所有大料石俱已脆闪，内里填厢所筑灰土沉陷至六七尺，今若照旧修，盖诚恐所用钱粮过重，竟撤去此项穿堂房间似亦无所关碍，惟此穿堂门口系喇嘛僧众逐日上殿出入并护守兵丁巡更必由之路，不得不量为修理，以便行走。今拟将穿堂门罩九间全行拆去，毋庸补盖，所有拆卸物料除抵用外，余皆妥为存贮，谨将地盘沉陷之处坚实筑打灰土、补砌石面，并看墙、宇墙亦照式修砌，则钱粮即可节省而余，僧众兵丁出入亦无有碍。（15-41）
光绪三十年八月二十日	光绪三十年七月十七日辰刻东塔阁坍塌落地，将内设紫檀木塔并塔内供小铜像全行砸伤。（17-491）
光绪三十年八月二十日	光绪三十年七月二十六日戌时西塔阁坍塌落地，将内设紫檀木塔并塔内供小铜像全行砸伤。（17-491）
光绪三十年十一月三十日	（"万法归一"殿）东西头层殿檐，从前东面群楼坍塌时已被砸伤三间半，现又将前面头层殿檐西四间全行砸坏，二层檐亦有残缺，其西南条脊、角梁、挑檐斗科等项亦均被砸坍塌，全殿头停铜瓦间有脱节、渗漏多处，情形甚重。（17-494）
光绪三十一年六月初二日	光绪三十一年二月二十五日戊辰宜用巳时开工吉，奴才随督饬监工司员暨本庙守护并兵等，于是日开工，敬谨兴修，计自二月二十五日起至五月初三日止，一律工竣。（17-525）

从嘉庆之后，普庙虽历经修缮，但是修缮的力度已远远不能满足寺庙的正常生存。阿·马·波兹德涅耶夫在《蒙古及蒙古人》一书中对此情况说道："自从他们之中的第三个皇帝——咸丰不幸死在承德之后，中国皇帝们怕遭到同样的命运，就不再到承德府来避暑。尽管空无一人的宫殿仍有专门的宫廷侍卫守护，但已经不再进行修缮，所以变得破旧了；收藏在这些宫殿中的财物珠宝也不断地被看守者窃走。据当地人说，城里简直是所有的一切都一年一年地损坏得越来越厉害。"[1]阿·马·波兹德涅耶夫言及咸丰皇帝之后再无皇帝至承德避暑的原因及山庄和周围寺庙"已经不再进行修缮"的情况虽有失偏颇，但也从一个侧面客观地反映了当时避暑山庄及周围寺庙随着清王朝衰败而日益损坏的情况。

---

① （俄）阿·马·波兹德涅耶夫著，张梦玲等译：《蒙古及蒙古人》，内蒙古人民出版社，1983年，第243页。

二、清代之后对普陀宗乘之庙的维修

（一）民国时期普陀宗乘之庙损坏情况

民国时期，反动军阀和日本侵略者对承德避暑山庄及周围寺庙进行了严重的破坏。在中华人民共和国成立后重建的"卷阿胜境"殿前的《避暑山庄历史回顾展》可以看到这一时期承德古建筑及文物所遭到的破坏："军阀日伪时期，反动军阀和日本侵略者先后破坏、拆除山庄建筑180间；外庙僧房235间、佛殿160间、回廊99间；盗走山庄和外庙各种佛像7980尊，各种书画1325轴（幅）；外庙金瓦84块、经典120部；盗砍山庄和外庙各种树木3896棵；在山庄和外庙修筑战壕工事451处……"[①]在这一时期，山庄及周围寺庙遭到了最为严重的破坏，普庙作为山庄周围寺庙之一，亦未幸免。斯文·赫定在《帝王之都——热河》一书中对1930年普庙所遭到的破坏和盗掠情况进行了这样的描述："目之所及，无不在塌毁，无不在衰朽……有些家伙把塞满艺术品的大箱子，从小布达拉宫用大卡车运出去二十多个，他们在干什么呢？我们也亲眼见到了那些箱子。正殿（"万法归一"殿）就好像收了摊儿的拍卖场一样。我们来晚了。对收藏家、古玩商多少有点价值的东西已经被拿走或是被砸坏了，如是而已……（1930年）7月1日，我们第一次去寺庙（普庙）的那天，看到喇嘛们面对佛像以及佛塔（圣遗物匣）等在施礼。过了两天再去看时，那些东西已经丢了，剩下的只是特别大的佛像和一些破烂儿。就是这些恐怕不久也会由风吹雨淋而毁坏殆尽……"面对普庙所遭到的破坏，斯文·赫定惋惜感叹道："就这样，破坏一直在继续，恐怕不久，所有能毁掉的都将荡然无存……在不久的将来，承德的物品只要不拿钉子钉牢，将被偷之一空。而且，盗贼所留下的东西，将被时间的齿轮碾成粉末。"[②]除了反动军阀对普庙盗掠和破坏，日本侵略者也对普庙进行了雪上加霜的劫掠，现大白台东入口处墙面上仍然保留着日本侵略者当年用刺刀刻划的"東京市澀谷"、"廣島縣高田郡"、"本田梅吉"、"飯塚桧山"、"昭和十八年十月三日"、"昭和二十年"、"野砲"、"師団輜重"、"步二六JA吉田"等日本文字（图1-24），这是日本法西斯侵略中国和肆意破坏中国文物的铁证。

（二）中华人民共和国成立后普陀宗乘之庙的修缮情况

1949年中华人民共和国成立之后，承德避暑山庄及周围寺庙得到了重视和保护，中央政府及各级地方政府为保护避暑山庄及周围寺庙做了大量工作。1953年，中央政府文化部

---

① 来源于避暑山庄"卷阿胜境"殿前的《避暑山庄历史回顾展》。
② （瑞典）斯文·赫定著，于广达译：《帝王之都—热河》，中信出版社，2008年，第26页。

图1-24　墙面上刻画的日本文字

（来源：自摄）

发出《关于保护热河承德古建筑及文物的通知》，1961年，国务院将避暑山庄及周围寺庙中的普宁寺、普乐寺、普庙、须弥福寿之庙列为第一批全国重点文物保护单位。但在"文革"时期"破四旧"的浪潮中，避暑山庄及周围寺庙在劫难逃，文物建筑的保护修缮工作被迫停止，大量的佛像、书画、经卷被烧毁。入库收藏的普庙3尊鎏金铜质欢喜佛（每尊重约300公斤）、1张金漆雕龙供桌以及大红台正立面六层琉璃无量寿佛幔帐的最下两层等均是在此期间被人为毁坏的。

"文革"之后，我国文物建筑开始逐渐得到重视和保护。1976年国务院批准实施第一个《避暑山庄外八庙十年整修规划》，1986年开始实施第二个十年整修规划。两个规划明确了抢救、整修的保护原则，国家和地方政府相继投资1亿多元人民币直接用于古建维修和园林整治，同时并投入大量资金用以改善保护区周围环境。在这两个十年整修规划期内及至现在，普庙得到了很好的修缮和保护，这一时期普庙具体修缮建筑情况如下（表1-3）：

表1-3 "文革"之后普陀宗乘之庙修缮记事表①

维修时间	维修建筑	工程内容	
1976~1977年	东、北部围墙	补砌东、北部围墙坍塌部位	
1978~1979年	南正门、东西掖门	择砌蹬道、墩台、外墙身，抹灰刷浆。修配角梁、由戗，更换扶脊木，拔正大木，修补斗栱，撤换糟朽檐椽、飞椽及全部望板，揭瓦瓦顶，补配残缺瓦件，补配木装修	
1978~1980年	碑阁	大木落架拔正，补配构件，更换椽望(沿椽后尾加铁活)、斗栱；找补墙身，揭瓦屋顶，补配残缺瓦件及石构件，做散水和甬路	
1979年	五塔门	塔身择砌，重做十三天，归整青铜天地盘，补配日月及火焰宝珠，粘补琉璃花饰；铲除门座旧灰皮，墙面重新抹灰，梯形窗及女墙墙身刷红土浆；择砌月台台帮，规整、补配月台压面石	
1979年	前部围墙、东西角白台	全面整修	
1979年	庙后东西过水券门及后围墙	过水券门为砌石券、石过梁、石地梁，检修加固；修补加固后围墙	
1979年	西罡殿	补椽望，局部揭瓦，扫垄勾抹	
1979年	中罡殿	更换糟朽椽望、连檐、瓦口，补配瓦件	
1979~1980年	东罡殿	补齐瓦件，更换糟朽的大木，补配椽飞望板、连檐、瓦口，补修残坏装修，按做法说明油饰	
1980年	中院东白台殿	择砌、剔补台帮和酥碱墙身，补抹外墙皮，补墁顶面，补砌女墙，归安垂带。揭瓦屋面，补配琉璃瓦件。局部替换椽飞、望板、连檐、瓦口，添配金柱，复原槛框、榻板、格扇	
1980年	"洛伽胜境"殿	屋面勾抹扫垄，补配木装修，修复坐凳，室内彩画找补，外檐彩画重做	
1982年	后院东白台殿	补配大门，归安白台内踏步、角柱及垂带石。台顶补墁沙城砖，找补残坏女墙，铲除脱落墙面、抹灰。揭瓦屋面，更换望板，补配糟朽椽飞及瓦件。补配金柱二根，补做坐凳栏杆及楣子，补做明间格扇、次间槛窗。地面补墁方砖，补抹外墙	
1987年	御座楼群楼	恢复原建筑，下二层钢筋混凝土结构，上层额枋以上为木结构；和玺彩画，龙梵子方心，天花六字真言	
1987年	"万法归一"殿	檐头找补揭瓦，补换椽飞、望板及糟朽的檩、斗栱、挑尖梁、角梁等；补配鎏金铜瓦；补做外檐彩画，找补内檐彩画	
1987~1988年	大红台群楼	在原基址上做钢筋混凝土地梁；各层柱、梁、楞、板均按原木结构尺寸改做钢筋混凝土结构；补做木装修，样式为直棂窗；房顶做防水找坡后铺墁方砖；做金琢墨和玺彩画	
1988年	"慈航普渡"殿	檐头找补揭瓦，补换椽飞、望板及糟朽的角梁、扶脊木。修补格扇、槛窗及佛座栏杆等，重做天花板。参照内檐重做外檐油饰彩画，找补内檐彩画	
1988年	西罡殿	修补装修，补配残缺坐凳、岔角牙子	

---

① 资料来源于承德市文物局资料室。

续表

维修时间	维修建筑	工程内容
1990年	塔罩亭	制安大木、斗栱、装修；做金琢墨金线大点金旋子彩画
1990年	"权衡三界"殿	檐头找补、揭瓦，补换椽飞、望板及槽杆的角梁、扶脊木。修补格扇、槛窗。参照内檐重做外檐彩画，找补内檐彩画
1991年	御座楼	加做顶面防水
1992年	大红台女墙	铲除抹灰层，重新刷浆
1998年9月	五塔门	加做顶面防水
1998~2003年	全庙	1998年7月，维修大红台屋面，1999年拆墁御座楼群楼地面、蹬道，加固大红台群楼琉璃挂檐。2000年加固群楼2-3层木栏杆，加固御座楼群楼琉璃挂檐，抢修西沟西面围墙。2001年拆砌东沟东围墙、水洞东围墙。2002年大红台和大白台防水工程施工。2003年大红台油饰彩画施工
2002年4~7月	全庙	铺筑琉璃牌坊东至东罳殿前石板路199平方米，中罳殿前广场石板地面57平方米，中罳殿至东罳殿石板路50平方米，琉璃牌坊北至旅游平台前石板路97平方米。西罳殿至中轴线石板路35平方米。修补粉刷御座楼1-2层及南正门两侧围墙。做南正门油饰彩画，维修白台建筑，局部地面挖补，瓦面勾抹扫垄。重做碑阁油饰及南正门油饰彩画。安装南正门、五塔门石匾
2002年4月	琉璃牌楼	更换压面、礓磜、垂带石
2003年2月	前院幢杆	更换糟朽幢杆
2003年5月	"文殊圣境"殿	制安大门
2003年7月	钟楼	完成复建工程
2003年	东五塔白台	全面整修
2003年	白台	粉刷墙体
2003年	千佛阁	归安基址、补配残缺石构件。修补琉璃门罩，配齐琉璃饰件。铺墁地面方砖。拆除原闪裂鼓胀墙体，重新择砌。补配大门三堂。做油饰彩画
2003年	西罳殿、大红台	拆砌西罳殿隔墙，重新墁地，制安西罳殿及红台群楼1-4层室内天花、支条
2004年7月	全庙	屋面扫垄，清除杂草、树木，补配残坏瓦件。修补千佛阁后蹬道
2004年	后院西1号白台楼	复建
2013~2015年	全庙	对普庙建筑及遗址重点保护修缮

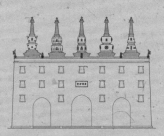

第二章

普陀宗乘之庙

总体布局

第一节

普陀宗乘之庙的选址

《园冶》载："凡造作，必先相地立基。"①选址是建筑营建的重要组成部分。佛寺作为承载特定宗教文化的建筑，它综合政治、经济、自然、人文、地理、哲学、宗教等因素于一体，力求营造良好的宗教氛围，以最大限度地表现其所承载的宗教文化内涵，在选址方面有着特定的要求。普庙作为一座仿西藏布达拉宫的皇家敕建寺庙，亦不例外。

一、避暑山庄选址

对于普庙的选址，首先要界定普庙选址的区域空间范围。普庙选址的空间范围有宏观和微观之分，宏观是指避暑山庄及周围寺庙所处的地理环境，微观是指普庙围墙之内这一区域空间所处的地理环境。分析研究普庙的选址，首先应从宏观方面谈一下清帝选择承德为址营建避暑山庄的原因。

（一）清朝建立"夏都"的原因

1.北方游牧民族的生活习性

我国北方游牧民族，一直有"秋冬畏寒、春夏避暑"的传统习俗。如辽、金、元三个少数民族所建立的朝代，均在边外建都，以避关内炎暑。有清一朝，是我国北方少数民族满族所建立的朝代，作为游牧狩猎民族的满族，入关后很难适应关内夏季的炎热，顺治六年（1649），摄政王多尔衮曾谕旨在"京东神木厂"②建避暑之城。《清世祖实录》载："（顺治六年五月）癸亥，摄政王多尔衮以京城水苦，人多疾病，欲于京东神木厂（其地今属朝阳区）创建新城移居，因估计浩繁，止之。"③由于清廷顾虑建城工费浩大，多尔

---

① （明）计成著，陈植注：《园冶》，中国建筑工业出版社，1988年，第47页。
② 《日下旧闻考》载："神木厂在广渠门外二里。"（清）于敏中等编纂，北京古籍出版社，1985年，第1915页。
③ 《清世祖实录》，卷44，顺治六年五月庚子，中华书局影印，1985年，第349页。

衮创建新城的计划未能实行。次年（1650）七月多尔衮再次提出一个折中办法："京城建都年久，地污水咸。春秋冬三季，犹可居止，至于夏月，溽暑难堪。但念京城乃历代都会之地，营建匪易，不可迁移。稽之辽金元，曾于边外上都等城为夏日避暑之地。予思若仍前代造建大城，恐糜费钱粮……今拟止建小城一座，以便往来避暑。"[①]史料中所谓的"建小城一座"，即为喀喇河屯行宫的前身，它位于承德市双滦区滦河镇西北，地处滦河与伊逊河汇合处的南北两岸上。"喀喇河屯"本是蒙语的音译，是"黑城"、"乌城"或"旧城"之意。顺治七年十二月初九日，摄政王多尔衮因骑马摔伤死于喀喇河屯。顺治帝下谕户部："边外筑城避暑，甚属无用……此工程着即停止。"[②]至此作为清廷满族统治者"避暑城"的喀喇河屯停止兴建。但此后，顺治、康熙都在此驻跸过。可见在避暑山庄营建之前，喀喇河屯仍是清帝在关外避暑和处理政务的重要驻跸之所。

综上所述，如辽、金、元三朝少数民族统治者一样，满族作为清廷的统治者，因其与生俱来的民族生活习性，有在北部边疆建避暑之城的习惯。

2.军事方面原因

清王朝立国之初，内忧外患共存，国内外形势极为严峻。国内，三藩之乱，历经八年于康熙二十年（1681）平定；康熙二十七年（1688），准噶尔首领噶尔丹叛乱，侵扰蒙古各部，历经两年于康熙二十九年（1690）平定；康熙三十五年（1696）噶尔丹再次叛乱，次年（1697）平定。国外，沙俄把侵略矛头指向中国，天聪、崇德、顺治时期，哥萨克不断进犯我国黑龙江流域，先后占领了黑龙江雅克萨和尼布楚两地。至康熙朝，沙俄的侵略之势愈演愈烈。康熙九年（1670）沙俄派遣使臣朱洛瓦诺夫至北京递交的一份文件载："领有全部大俄罗斯、小俄罗斯、白俄罗斯独裁大君主皇帝及大王兼领多国之俄皇陛下，皇威远届，已有多国君主归依大皇帝陛下最高统治之下……彼中国皇帝亦应尽力求得领有全部大俄罗斯、小俄罗斯、白俄罗斯独裁大君主皇帝陛下之恩惠，归依大皇帝陛下最高统治之下……大皇帝陛下必将爱护中国皇帝于其皇恩浩荡之中，并保护之使免于敌人之侵害，彼中国皇帝可独得归依大君主陛下，处于俄皇陛下最高统治之下，永久不渝；并向大皇帝纳入贡赋……大君主皇帝陛下所属人等应准在中国及两国境内自由营商，为此彼中国皇帝应准将大皇帝陛下之使臣放行无阻，并向大皇帝陛下致书答覆……"[③]由此可见，当时沙俄的侵略气焰是何等嚣张。

康熙二十年（1681），平定三藩之乱后，来自北部边疆的威胁尤显突出，清廷开始

①《清世祖实录》，卷49，顺治七年七月乙卯，中华书局影印，1985年，第393页。
②《清世祖实录》，卷53，顺治八年二月辛卯，中华书局影印，1985年，第421页。
③ 王相之、刘泽荣编译：《故宫俄文史料——清康乾间俄国来文原档》，国立北平故宫博物院出版物发行所，1936年，第267~268页。

把注意力投向北方，着手解决我国北方的边患问题。《清圣祖实录》载："……帝王治天下，自有本原，不专恃险阻。秦筑长城以来，汉、唐、宋亦常修理，其时岂无边患？明末我太祖统大兵长驱直入，诸路瓦解，皆莫敢当。可见守国之道，惟在修德安民。民心悦，则帮本得，而边境自固，所谓'众志成城'者是也"[1]。有清一代开始逐渐废弃传统的长城守边之道，改而换之的是以蒙古藩边的战略思想，即"本朝不设边防，以蒙古部落为屏藩"[2]。康熙二十年（1681）四月开始建制木兰围场，于康熙二十二年（1683）六月成，"其地周一千三百余里，南北二百余里，东西三百余里。东北为翁牛特界，西北为察哈尔正蓝旗界，正南迤西为丰宁县界，迤东为承德府界。围场四面树栅，界别内外"[3]。木兰围场建立之后，康熙帝几乎每年都带领满汉大臣、蒙古王公和八旗官兵前往围场行围狩猎，史称"木兰秋狝"。通过"木兰秋狝"，以沿袭满族游牧和骑射的生活习俗，保持八旗的尚武精神和旺盛战斗力。即如康熙帝所讲："天下虽太平，武备断不可废。如满洲身历行间，随围行猎素习勤苦，故能服劳，若汉人则不能矣。"[4]另外通过"木兰秋狝"，不仅向蒙古王公贵族彰显了大清帝国的国力，使蒙古各部畏威怀德，而且同时通过围猎中对蒙古王公贵族的赏赐及举办的各种盛大的宴会，可以交好蒙古王公，培植他们对清王朝的感情，即所谓的"恩益深而情益联"[5]，以此达到对蒙古地区的有效管理，实现以蒙古藩边的战略思想。

木兰围场距北京约350公里，在当时比较困难的交通条件下，常年进行这样大规模的军事政治活动，沿途建立行宫势在必行。王灏在《随銮纪恩》中记载康熙四十二年（1703）北巡一共经过八处行宫，这八处行宫从南至北依次是两间房、安子岭、化鱼沟（桦榆沟）、喀喇河屯、热河上营、兰旗营、波罗河屯、唐三营[6]。避暑山庄就是在"热河上营"这个地方营建起来的。

（二）选择承德为"夏都"的具体原因

1.热河上营具有十分重要的军事地理位置

热河上营具有十分重要的军事地理位置。"窃观热河形势，其左通辽沈，右引

---

[1]《清圣祖实录》，卷151，康熙三十年五月丙午，中华书局影印，1985年，第677~688页。

[2]（清）海忠：《承德府志》，卷首一，诏谕一，道光十一年（1831）刻本。

[3]《钦定大清会典事例》卷708，（台北）新文丰出版公司，1976年，第14269页。

[4]（清）海忠：《承德府志》，卷首三，诏谕三，道光十一年（1831）刻本。

[5]（清）和珅、梁国治编撰：《钦定热河志》，天津古籍出版社，2003年，第722页。

[6]《小方壶斋舆地丛钞》第一帙。转引于《承德古建筑》引言，第2页，天津大学建筑系、承德市文物局编著，中国建筑工业出版社，1982年。

回回，北压蒙古，南制天下，此康熙皇帝之苦心，而其曰'避暑山庄'者，特讳之也。"①"朕（康熙）数巡江干，深知南方之秀丽；两幸秦陇，益明西土之殚陈。北过龙沙，东游长白，山川之壮，人物之朴，亦不能尽述，皆我之所不取。唯兹热河，道近神京，往还无过两日，地辟荒野，存心岂误万机"②。另外热河上营虽"名号不掌于职方，形胜无闻于地志"③，尚无人烟，但营造夏宫，有"无伤田庐之害"④之优。

综上所述，热河上营具有地据神京、围场之间，坐朝和秋狝两兼容的优势地理位置。满族的发祥地辽东，距离北京也不远，而且是夏季避暑之胜地，康熙帝并没有选择本族肇兴之地辽东兴建避暑山庄，这与承德地区一直为华北平原与蒙古草原之间军事防守要冲的地理位置是分不开的。康熙五十年（1711），康熙帝赐名热河上营行宫为"避暑山庄"，虽有"因山就水，布置尽其自然，意在得其野趣"之意，但其所具备的政治军事意义亦不可忽略。正如乾隆皇帝所言："我皇祖建此山庄，所以诘戎绥远。亦深远也。"⑤

2.热河上营具有优越的自然地理环境

热河上营具有优越的自然地理环境。《钦定热河志》描述："上承固都尔呼河、茅沟河、赛音河三水合而南流入滦河。热河西境为避暑山庄，东北境钓鱼台、黄土坎，北境张三营，并建行宫。伊逊河从府西北境围场入，南行入丰宁县界，又西南经滦平县界入滦河，东流入府西南境，至山庄南，北会热河，东南行，又西会前白、柴、柳诸河，东会老牛河，东南流至门子哨，入迁安县界。山则磬锤、罗汉、天桥、五指之秀拱于东，风云、广仁之胜环于西，僧冠峰、青松、凤凰诸岭屏于南，狮子岭、大黑山枕于北，流峙巨观，咸归襟带，至于营哨，星罗屯聚鳞次，一州五县左右拱翼，披图揽胜，可得其概焉。"⑥清代热河山明水秀，宛如园囿，俯武烈之水，挹磬锤之峰，"既有群峰回合，又有清流萦绕，绮绾绣错，烟景万状，蔚然深秀"⑦。优越的自然地理条件，使得营造建筑工程"省时省工省费"⑧。康熙赞诗曰："夏木阴阴盖溽暑，炎风款款守峰衔，山中无物能解愠，独有清凉免衣衫。"⑨这样的生态气候环境，十分适合营建皇帝避喧听政之所。正如臣子们在《"御制避暑山庄诗"恭跋》中所言："热河清流素练，绿岫长枝，好鸟枝头，游鱼

---

① 金毓黻辑：《辽海丛书》第一集，《滦阳录》，辽沈书社，1985年，第9页。
② 康熙五十年（1711）《御制避暑山庄记》。
③ 康熙五十三年（1714）《御制溥仁寺碑记》。
④ 康熙五十年（1711）《御制避暑山庄记》。
⑤ 乾隆四十七年（1782）《御制避暑山庄后序》。
⑥ （清）和珅、梁国治编撰：《钦定热河志》，天津古籍出版社，2003年，第1983页。
⑦ 康熙五十年（1711）《御制避暑山庄记》。
⑧ 中国第一历史档案馆藏《上谕内阁》，康熙四十一年十一月庚戌。
⑨ 承德师专避暑山庄诗选注小组：《避暑山庄诗选注》，《承德师专学报》1982年第2期，第58页。

波际，无非天适，皇帝居此逾时，圣容丰裕，精神益健。"①

3.以避痘疫

《〈避暑山庄百韵诗〉序》载："我皇祖建此山庄于塞外，非为一己之预游，盖贻万世之谛构也。国家承天命，抚有中外……但其人有未出痘者，以进塞为惧。延颈举踵，以望六御之临。谨光钦德之念，有同然也。我皇祖俯从其愿，岁避暑于此。鳞集仰流而来者，无不满志以归。"②承德地处塞外，具备避防痘疫的气候条件，十分适合蒙古王公贵族来此朝觐清朝皇帝。

4.康熙帝不选喀喇河屯为"夏都"的原因

喀喇河屯行宫是在摄政王多尔衮所建的避暑城的基础上扩建而来。多尔衮所建的避暑城，虽然因其突然离世而被顺治帝下谕停止，但是顺治和康熙两位皇帝均多次驻跸于此，诸如清顺治八年（1651）"四月乙卯，上起跸巡幸塞外，癸亥，出独石口，五月甲申，驻跸喀喇河屯，乙丑，入古北口"③、康熙十一年（1672）"（五月）十六日黎明，驾发喀喇河屯，自前月二十五日至此一住二十余日矣"④。随着清帝频繁临驾于此，摄政王多尔衮在喀喇河屯选址所建的避暑城在康熙四十一年（1702）至康熙四十三年（1704）这段时间得到扩建。康熙四十一年正月初五日内务府奏："喀喇河屯地方拟建房屋一处，共大小三百九十七间……"⑤至康熙四十三年五月避暑城的扩建基本完成，托岱奏报："现我建房屋均已竣工，故钦遵上谕，将我建房所用银两数目造具清册，一并奏呈，共建房四百一十四间，用银六万一千一百五十二两一分。"⑥

避暑山庄，初建时期称"热河上营"，初具规模后称"热河行宫"，其肇建时间在清代官修史籍中未见明确记载，刘玉文先生在其《避暑山庄初建时间及相关史事考》一文中考得：康熙四十年（1701）腊月圣祖初选址于热河上营；康熙四十一年（1702）夏定行宫于热河上营；康熙四十二年（1703）七月二十三日热河行宫奠基开工；康熙四十六年热河行宫初成；康熙四十八年（1709）热河行宫成为塞外的中心行宫；康熙五十年（1711）热河行宫得名避暑山庄。⑦

---

① 承德避暑山庄管理处编：《避暑山庄风景诗选》，承德避暑山庄管理处编印，1979年，第110页。
② （清）和珅、梁国治编撰：《钦定热河志》，天津古籍出版社，2003年，第840页。
③ （清）和珅、梁国治编撰：《钦定热河志》，天津古籍出版社，2003年，第450页。
④ 国家图书馆分馆编：《古籍珍本游记丛刊》第1册，线装书局，2003年，第239页。
⑤ 中国第一历史馆藏内务府奏销档（原件满文）第120页。
⑥ 中国第一历史馆藏内务府奏销档（原件满文）第120页。
⑦ 刘玉文：《避暑山庄初建时间及相关史事考》，《故宫博物院院刊》2003年第4期，第23~29页。

　　鉴刘玉文先生所考，可知喀喇河屯避暑城的扩建和避暑山庄的肇建发生在同一时期。喀喇河屯避暑城经摄政王多尔衮一年多的营建已初具规模，并在康熙四十一年至康熙四十三年间又再次得到了大规模的扩建，但是康熙帝并没有选择喀喇河屯作为避暑城，而是另择热河上营新建避暑之城，官修史籍中并没有对其中原委进行明确记述。本文在此姑且做出如下推论：

　　其一，喀喇河屯避暑城为摄政王多尔衮所建，但随着多尔衮的离世，再加上当时因军费支出庞大、财政吃紧的原因，顺治帝下旨停建喀喇河屯避暑城。康熙帝不选喀喇河屯作为避暑城而另择它地，在一定程度上是对顺治帝曾下旨停建喀喇河屯避暑城事件的讳避。

　　其二，康熙四十一年至康熙四十三年喀喇河屯避暑城得以扩建，扩建之后的喀喇河屯"东至蓝旗营子，西至宫后，南至红旗营子，北至滦河，宫基占地九十一亩"[1]（图2-1）。而建成后的避暑山庄的面积达8000多亩，前后两者在规模上相去甚远。由此推断，从规模方面来讲，喀喇河屯行宫并不能满足康熙帝当时肇建塞外避暑城的要求，这兴许也是康熙帝重新择地肇建避暑城的一个主要原因。

　　其三，喀喇河屯行宫自然风景优美，"吟咏之间，兼泉清水碧以成趣，书画所绘，盖树色云光而入神，宫基中界滦河，依山带水，比之京口浮玉，故有小金山之号。西上则滦阳别墅，水木清华，景物明瑟，外则万家烟井鳞次栉比，热河以南此为胜境"[2]。但是其与热河上营的自然风景相比略逊一筹，只能作为皇帝临时驻跸之所，这也应是康熙帝弃喀喇河屯行宫而择热河上营营建"夏都"的又一原因。

二、普陀宗乘之庙的选址

（一）"外八庙"选址

　　"外八庙"，概指避暑山庄周围的十二座寺庙，分布于避暑山庄东、北两面的山岗之上。在避暑山庄内部，也建有很多寺庙，诸如会万总春之庙、永佑寺、同福寺、水月庵、珠源寺、碧峰寺、鹫峰寺等。关于"外八庙"为何选址于避暑山庄之外，李凤桐先生在《清代在避暑山庄外建寺庙的原因》一文中进行了详细的分析和论证，结合李凤桐先生的论述，本文在此简要论述如下：

　　其一，为保证避暑山庄的庄重严肃性和乾隆时已成为清朝京师外第二首都的重要性。

---

① 转引于郝志强、特克寒：《清代塞外第一座行宫——喀喇河屯行宫》，《满族研究》2011年第3期，第60页。
② （清）和珅、梁国治编撰：《钦定热河志》，天津古籍出版社，2003年，第1719页。

图2-1　喀喇河屯行宫
（来源:《钦定热河志》）

避暑山庄是皇帝及妃子每年避暑居住的地方，是举行大典召见蒙古王公及外国使节的地方，不允许有事情损伤皇帝至高无上的尊严和避暑山庄"避喧勤政"的效果和用途。其二，充分尊重少数民族信仰与风俗习惯，避免皇家园林必有的各种规章制度，便其自由观光膜拜。其三，"外八庙"中的每一座寺庙都有各自的来历及兴建原因，建筑风格迥异，多为临时因事而建，而避暑山庄的布局及造景是统一规划的，如果把"外八庙"建在山庄之内，就会严重的打乱和影响山庄的整体风貌，且建在山庄之外，有利于各座寺庙不同建筑风格的实现。其四，将建筑风格迥异的"外八庙"建在山庄之外的周边山岗上，以山庄为中心呈辐射状，形成了"众星捧月"之势，达到了为山庄造景生辉的作用，更加彰显了避暑山庄的至高无上，同时也是"万法归一"的最好诠释，体现了多民族国家的统一和繁荣。其五，便于广大人民群众瞻仰观拜，有利于宣传清朝的民族宗教政策，可以彰显清朝中央政府包罗万象的胸怀以及"神道设教"的治国方略。[①]

（二）普陀宗乘之庙选址

其一，普庙作为清廷临时因事而建的一座寺庙，以已建成的溥仁寺、溥善寺、普宁寺、普佑寺、安远庙、普乐寺为先例，将庙址选在山庄之外的周边山岗上，而不选在山庄之内营建，实属情理之中。

其二，普庙选址择地前的情况决定了普庙的选址。普庙是十二座寺庙中第七个营建的寺庙，在此之前营建的溥仁寺、溥善寺、普宁寺、普佑寺、安远庙、普乐寺六座寺庙，已将避暑山庄的东岗及东北角山岗填缀占满，仅有北部山岗空闲。从现北岗上须弥福寿之庙、普庙、殊像寺、广安寺、罗汉堂各座寺庙所处的地理环境来看，均为山庄北岗上的优选之地，但相比之下，普庙所处的地理位置最为优越。在营建普庙之前，其余北岗上的四座寺庙均还未建，普庙还有着很大的择址空间。普庙是仿照西藏布达拉宫而建，需要较大的建筑空间，较小的建筑空间难以达到仿建布达拉宫所需建筑空间的要求。就现建成的普庙，占地约22万平方米，是避暑山庄周边十二座寺庙中占地面积最大的一座寺庙。如此规模的建筑群对其建筑选址有着特殊的要求，所选营建之址必须满足建筑规模的要求。相比北岗上其他四座寺庙的选址，普庙现在所在的位置实为不二之选。

其三，普庙庙址位于避暑山庄之北有着特殊的用意。普庙是因"岁庚寅，为朕六秩庆辰，辛卯，恭遇圣母皇太后八旬万寿。自旧隶蒙古喀尔喀、青海王公台吉等，暨新附准部回城众蕃长，连轸偕来，胪欢祝嘏"[②]之由而营建，与其他寺庙兴建的缘由相比，普庙所

① 李凤桐：《清代在避暑山庄外建寺庙的原因》，《承德日报》2007年11月19日，第006版《文史》。
② 乾隆三十六年（1771）《御制普陀宗乘之庙碑记》。

代表的意义更为重大。另外普庙乃仿西藏布达拉宫而建，西藏布达拉宫是历代达赖喇嘛的冬居居所，是西藏政教合一的统治中心，有清一代，在"兴黄教，即所以安众蒙古"之政策的推动下，黄教的宗源之地——布达拉宫有着举足轻重的地位，由此可见普庙庙址的选择极为重要。最终将普庙庙址选择在正对避暑山庄的北麓山岗，"以北为尊"，充分体现了清朝统治者对营建此庙的重视以及兴建此庙的重大意义，这或许正是将普庙择址于避暑山庄正北处山岗的"玄妙"之处。

其四，普庙虽为仿西藏布达拉宫而建，但传统风水学思想也是影响寺庙选址的一个重要因素。"风水"一词，出自晋郭璞传古本《葬经》，谓："气乘风则散，界水则止，古人聚之便不散，行之使有至止，故谓之'风水'。"[1]在影响我国建筑选址的文化因素中莫过于神秘的"风水"之术了。我国古代一切门类的建筑，基本上都浸透了风水文化的意识和观念，"其作为一种社会存在，深刻的影响，甚至决定了古代建筑设计及规划布局"[2]。清代清江子在《宅谱问答指要》中所言："欲知都会之形势……必先考大舆之脉络，朱子云，两山之中必有一水，两水之中必有一山，水分左右，脉由中行……山水依附，犹骨与血，山属阴，水属阳，故都会形势，必半阴半阳，大者统体一太极，则其小者亦必各具一太极也。"[3]由此可见，最佳的建筑选址应周边山水交汇，动静相宜，负阴抱阳，阴阳相济，在选址上要北靠"玄武山"，左右是"青龙"山和"白虎"山环抱合围，河流或者溪流从选址之前蜿蜒流过形成"朱雀"，水流之前还应有可望而不可及的"朝山"为对景。普庙虽然是仿照西藏布达拉宫而修建的，但其庙址仍不失风水学中所要求的最佳选址特点（图2-2、图2-3，附图1）。普庙周边的山水环境与最佳选址布局的风水因子基本上是一一对应的，其北所依靠的小山包对应"玄武"山，东西环抱普庙的两座小山冈正好与"青龙"山和"白虎"山所对应，寺庙东西两沟的流水汇入寺庙之前的狮子沟河，以环抱之势形成半围寺庙的"朱雀"，普庙正对的避暑山庄北侧山岗及山岗之上的城墙与寺庙形成对景，即为普庙风水中的"朝山"。

① 顾颉主编：《堪舆集成》第1册，重庆出版社，1994年，第340页。

② 潘谷西：《中国建筑史》，中国建筑工业出版社，2004年，第212页。

③ （清）青江子著：《宅谱问答指要》卷一"问宅其取法有何证据"，转引于刘沛林：《风水——中国人的环境观》，上海三联书店，1995年，第203页。

图2-2　1973年普陀宗乘之庙全景图
（来源：外八庙管理处）

图2-3　普陀宗乘之庙全景图
（来源：自摄）

第二节

普陀宗乘之庙的布局

中国传统单体建筑及建筑群组在营建的过程中，人的主观感受和建筑物客观存在之间的关系是应考虑的重要内容，为了使建筑物能够达到给人主观意识上的某种感受，需对建筑物单体空间或者建筑与建筑之间的空间组织关系进行有意识的设计。在建筑群体的整体感观表达方面，单体建筑之间在方位、空间、尺度等方面的组织设计十分重要，是影响建筑群体整体协调性的重要因素。另外，建筑群体与周边环境的关系，也是建筑群体整体布局设计中不容忽视的重要内容。科学合理的建筑群体布局，能够使在建筑群体中行进的人获得起承转合、节奏分明、层次丰富、重点突出等连续不断的主观性体验。普庙作为清代皇家敕建寺庙，亦不例外。

一、普陀宗乘之庙现状及布局概况

普庙建于乾隆三十二年至乾隆三十六年，位于承德市狮子沟北岸中部的向阳坡上，南拱避暑山庄，东邻须弥福寿之庙，西毗殊像寺，占地22万平方米，是"外八庙"中规模最大的一座寺庙（图1-12、图2-2、图2-3，附图1）。

普庙周围山峦起伏，庙址位于山岗南麓，东西为沟谷，南临狮子沟，周边用蜿蜒曲折的虎皮石墙围绕封闭。寺庙坐北朝南，依山就势，逐级抬高，建筑随山势纵深自由分布，主体建筑大红台建于山巅之上，总体平面布局与拉萨布达拉宫几近相似。

普庙由南至北主要由前院、中院、后院、大红台四个部分组成。

前院：为南正门至五塔门之间的封闭院落，其中也包括南正门南侧的五孔石桥和一对石狮。前院的主要建筑是位于中轴线上的五孔石桥、南正门、碑阁和五塔门四座单体建筑。五孔石桥，横跨于狮子沟上，为常见的清官式做法，建筑形制及规格与须弥福寿之庙前的五孔石桥基本相同，桥身上原有石栏杆和石栏板，现不存。五孔石桥之北为南正门，是一座由开有三孔拱门的藏式城台和单檐庑殿顶门楼组成的建筑，门前两侧置放石狮一对，两侧为垛口围墙、开有一孔拱门的白台式腰门（掖门）和空心白台式角楼，正北为碑阁，在南正门与碑阁两座建筑之间，四座经幢幡杆呈左右对称分布。碑阁，外观近似清代皇家陵寝中的碑阁样式，其内置以满汉蒙藏四种文字镌刻的《御制普庙碑记》、《土尔扈特全部归顺记》、《优恤土尔扈特部众记》石碑三通，碑文记述了肇建普庙的意图和土尔扈特部的归顺始末。碑阁之北为五塔门，五塔门两侧施用腰墙形成闭合院落。在前院内，除了上述四座轴线建筑之外，在中轴线的两侧还不规则地自由分布着数座藏式白台建筑，部分已塌毁，现仅存建筑基址。

中院：为五塔门至琉璃牌楼之间的封闭院落，主要建筑为琉璃牌楼、东边门、西边门三座单体建筑。从五塔门三孔拱门或其两侧腰墙上的边门而入，进入寺庙中院，地势逐渐升高，经蜿蜒的石阶循级而上可至琉璃牌楼，琉璃牌楼两侧施用腰墙与后部隔断形成闭合院落。琉璃牌楼为清代官式做法的三间四柱七楼式琉璃牌楼，其南为月台，月台两侧设有石狮一对。东、西边门位于中院东西两侧，是普庙的两个侧入口，两座建筑的形制相同，主要由开有单孔拱门的藏式城台及单檐庑殿顶门楼两部分组成，南北两侧与垛口围墙相连。在中院内，如同前院，数座藏式白台建筑不规则地自由散布于院内。

后院：为从琉璃牌楼至大红台台体之间的部分，主要建筑为东罡殿、中罡殿、西罡殿、钟楼、东五塔白台、西五塔白台、单塔白台、后院东白台殿等建筑，其余为简单的藏式白台建筑。这些建筑错落有致，随地形疏密分布，毫无杂乱无章之感（图2-4、图2-5）。

图2-4　1933年普陀宗乘之庙大红台南白台建筑群

（来源：关野贞《热河》）

图2-5　普陀宗乘之庙大红台南白台建筑群现状

（来源：自摄）

大红台：为寺庙的主体建筑，位于寺庙的最北部，坐落于山麓的最顶端，主要由大白台、大红台群楼、御座楼群楼三部分组成。

大白台，为中部大红台群楼和东部御座楼群楼基座，主要由东、西、南、北四个部分组成。南部为下部用15层花岗岩条石砌筑，上部以条砖砌筑，墙面设三层梯形盲窗的高约15米的白台基座，在其南立面的东西两侧设有登至台顶的通道；台顶西侧为千佛阁，东侧为"文殊圣境"殿。东、西、北三部分，主要为逐层内收的叠石戗台护坡，主要功用是戗护大红台群楼和御座楼群楼。

大红台群楼，外观七层，高约26米。平面近似方形，南北长62米，东西长58米。大红台群楼顶部西北角为一东西宽24.3米，南北长15.4米的高台，为红台最高处，上建"慈航普渡"殿，为一座饰有鎏金鱼鳞铜瓦的重檐长六角亭；东北角为楼梯廊，为群楼内部楼梯上方的一座规格较小的歇山顶建筑；南侧为左右对称分布的东、西塔阁。大红群楼南立面外观六层，一至三层为实心台座，由条石包砌而成，四至六层为西藏"都纲式"的"回"字形围廊，寺庙最为重要的"万法归一"殿坐落于群楼的天井院内。大红台群楼顶面四周用条石拔檐，上砌女墙，东、西、南三个立面的女墙墙身外侧镶饰99座琉璃佛龛[①]，内供无量寿佛像；南立面墙面正中嵌饰六个琉璃幔帐，黄绿相间，内供无量寿佛。

御座楼群楼，东西总长、南北总宽均为30米，平面呈规整的"回"字形，外观四层，实为西藏"都纲式"的两层群楼。在御座楼群楼台体顶面，建有戏楼、"洛迦胜境"殿、"权衡三界"殿三座单体建筑。戏楼位于群楼天井南侧，是一座歇山顶建筑。"洛迦胜境"殿位于群楼顶部的西北角，是一座单檐卷棚歇山顶建筑。"权衡三界"殿位于群楼顶部东北角，为一座饰有鎏金鱼鳞铜瓦的重檐八角亭。

二、普陀宗乘之庙的布局特点

经前文对普庙历史、庙址、现状等情况的阐述，从整体上对普庙有了一定的了解。本节拟将普庙建筑群体作为研究对象，从中观层次对普庙单体建筑的布局、空间组织关系进行探讨，分析寺庙的布局特征。

（一）虚实轴线，统摄全局

轴线布局，是影响我国传统建筑布局的重要因素之一。轴线布局，从周至明清并一

---

① 大红台群楼女墙上原为99座琉璃佛龛，现缺失1座，为98座。

直沿用至今，是周秦以来寻求天地之中互相感通思想的抽象化表现，是汉传佛教寺庙最主要、最重要的建筑布局方式。寺院内的各主要建筑呈纵向分布在中轴线上，一些不重要的建筑或附属建筑，诸如东西配殿、钟鼓楼等沿中轴线两侧整齐对称分布，"整体建筑前低后高，长幼有序，主次分明，引导信众循序渐进、层层深入地观赏寺院全貌，以达到信仰之高潮"[①]。普庙是以西藏布达拉宫为蓝本而建，将其"移居"内地，建筑布局不可避免地会受到传统建筑布局思想的影响。轴线布局，作为传统建筑群体的主要布局方式，在普庙整体布局中也得到了应用和体现。

普庙前院，纵轴式布局的特点尤为明显。山门、碑阁、五塔门三座建筑位于前院中轴线上，在一定程度上突显了三座建筑在前院中至高无上的地位。中院，琉璃牌楼是中院与后院相分的一个重要节点建筑，其所处的位置仅与前院轴线向东偏差了9°左右。中院东西面阔150多米，南北进深仅40米，南北的距离仅为东西距离的1/4，在这样狭小的封闭空间内，琉璃牌楼虽向东有所偏置，但丝毫未能影响到琉璃牌楼与五塔门南北成轴的布局特点，院落东西两侧的东、西边门呈左右对称的分布，进一步增强了琉璃牌楼与五塔门之间的轴线感。后院，众多的藏式白台建筑散布于院内，虽然没有重要的建筑节点凸显轴线，看似呈不规则分布，但是位于后院轴线上蜿蜒曲上的冰裂纹石板甬路，以及后院南北纵深较大的特点，突显了后院白台建筑以中间石板甬路为轴线左右分布的布局特征，巧妙地减弱了后院白台建筑布局的杂乱之感，为行进中的人营造了杂而不乱、错落有致的视觉感观，具有强烈的亲和感和神秘感。

总观普庙整体布局，通过前院和中院传统建筑的轴线布局方式，后院似有似无的轴线感的营造，布局严谨与错落有致相结合，一虚一实，巧妙地体现了寺庙的轴线感，增强了信众行进在寺庙中的宗教心理感应。

（二）廊院式布局、收放有致

廊院式布局主要由层层递进的院落组成，院落与院落相连，纵深发展，建筑以院落展开布局，通过院落空间的尺度收放和节奏变化，来达到收放有致、亦张亦驰的空间效果。山地地形的廊院式布局，一般通过各个自成体系的院落，借助山地地形的高低起伏营造院落地平的高低，通过逐渐增高的院落地势来突显寺庙主体建筑的宏伟气势。

普庙前院进深约90米，中院进深约40米，后院进深约200米，三个院落层层递进呈纵深发展。前院，建筑主要分布在碑阁以北的院落空间。院落南部较为空敞，是进入寺庙的缓冲空间，这样的布局能够对进入寺庙的信众起到一定的引导作用，同时突显了碑阁的威

---

① 张驭寰：《中国佛教寺院建筑讲座》，当代中国出版社，2008年，第29页。

严气势。中院，与前院和后院相比，是三个院落中最小的一个，在这个院落中，除了五塔门和琉璃牌楼，轴线上并不置设其他建筑，但是由于山势突兀增高，使得从五塔门至琉璃牌楼之间的轴线空间急剧缩小，略显逼仄和紧张。据《普陀宗乘之庙下马碑》载："嗣后凡蒙古扎萨克来瞻礼者，王以下，头等台吉以上及喇嘛等，准其登红台礼拜，其余官职者，许在琉璃牌坊瞻仰，余概入庙门者，不得由中路行，俱令进左右掖门以昭虔敬。"[①]中院狭小的缓冲空间，从视觉和心理上给人以冲压，加之人为所赋予琉璃牌楼特殊的政治宗教地位，成功地为入庙瞻仰者营造了强烈的宗教心理感应。中院与前院基本上处于同一地平，在普庙整体院落布局设计中将琉璃牌楼至山门这一区域从五塔门一分为二，进一步增强了空间的层次感，或许也是为了营造强烈庄重的宗教氛围。后院，为寺庙的最后一个院落，与前院和中院相比，是最大的一个院落。深幽的后院与狭小的中院相比，能够给人一种放松的心理感应，似有进入自由"佛国"之感。

普庙三个院落的划分并不是依据院落地平。从普庙南北剖面图来看（附图2），前院与中院地势较为平缓，基本上位于同一个地平高度，直至琉璃牌楼地平才随山势急剧上升，高差近8米。从琉璃牌楼向前行进，地势逐渐随山势增高，行进200米左右至大红台下大白台底部，高差达24米。总观普庙所据的整体地势，前院与中院所据地势平缓，后院地势较为"急促"，加上高达42米[②]的大红台群组建筑，整体布局前低后高，进一步突显了寺庙主体建筑大红台的宏伟气势。另外笔者认为，前院和中院、后院、大红台这三组不同的地势也是对佛教三界空间观的表现和诠释。佛教认为世俗世界有三界：欲界、色界、无色界。欲界是指深受多种欲望支配和煎熬的生物的所居之所。欲界中居住的生物分为六道：天、人、阿修罗、畜生、鬼、地狱。众生因因果报应不断在其中轮回，只有皈依佛教，弃恶从善，才能跳出六道轮回，求得超出生死的解脱。色界是粗俗欲望已经断绝的地方，其中的居者仍然具有形状和身体，有房室宫殿。无色界是指既无欲望又无形体的生存者居住的处所，是没有居室和自然国土的处所，是没有任何物质性的地方，是三界中最高的一界。普庙前院是"欲界"的象征。前院的中心建筑为碑阁，碑阁的主要建筑功用是罩护其内部三通重要的碑刻，以此来纪念建庙的缘由及与建庙相关的重大事件，是为世俗之物象。碑阁与其余周边原用来居住管理寺庙人员的白台建筑，共同组成了佛教中所谓的"欲界"。中院是"欲界"进入"色界"的过渡地带，中院五塔门和琉璃牌楼两座建筑的设定充分体现了这一点。五塔门顶部为五色塔，底部台体开有三孔券门，从五塔之下的券门走过，即为象征着礼佛；其匾额曰为："广圆妙觉"，意思是从五塔门穿过，经佛法沐浴，修德圆满广大，可以潜移默化的达到不可思议的觉悟，暗喻经五塔门之后代表着

---

① 乾隆三十六年（1771）《普陀宗乘之庙下马碑》。
② 42米指的是大红台群体建筑的主体高度，即从大白台底部至大红台女墙顶部的高度。

对佛教的皈依。琉璃牌楼，前额（南）曰为："普门应现"，后额（北）曰为："莲界庄严"，意思是此为观音显现普渡众生之门，由此门而入可至观音弘扬佛法的道场。由上述可见，中院是"欲界"进入"色界"的过渡地带。后院，从琉璃牌楼至大红台下大白台这一区域代表的是佛教中的"色界"。这一区域中主要的建筑物为经堂和僧舍，众僧在此念经修行，断绝一切粗俗欲望。另外这一区域逐渐升高的蜿蜒地势，在一定程度上象征了修行的逐渐提高以及通往第三界"无色界"艰难曲折的修行过程。大红台，与众多白台建筑相比，尤为宏伟、庄严、肃穆，它代表着三界中最高的一界，即"无色界"。

总观普庙院落布局，院落式相连，层层纵深发展，结合高低起伏的地势，从南至北给人以层层渐高的视觉感观，一方面突显了寺庙主体建筑大红台的尊贵庄严，另一方面使佛教义理在这错落有致的布局空间中显现得更加淋漓尽致。

（三）自由组合式的布局特点

自由组合式布局是藏传佛教寺庙中最为常见的一种布局形式，寺庙布局呈现出相对自由的形态，各个建筑之间并没有严格的轴线关系，但这种自由分布是相对的，并不是说建筑与建筑之间各自为政、互不相干，而是在相对自由的布局形态之下，建筑与建筑之间仍然存在着一定的空间关系。在普庙中，自由组合式布局主要体现在两个方面：一方面是院落内众多藏式白台建筑与轴线建筑之间的空间布局关系，另一方面是寺庙院落内众多藏式白台建筑之间的空间布局关系。

1.众多藏式白台建筑与轴线建筑之间的空间关系

前院，中轴线两侧分布着五座藏式白台建筑，东侧为三座（两座已塌毁），西侧为两座。五座白台建筑，并没有进行严格的对称处理，而是错落有致、疏密结合地分布在碑阁的两侧。通过自由分布的藏式白台建筑，一方面烘托了主体建筑碑阁的庄重和宏伟，起到了一种"众星捧月"的视觉效果；另一方面，对碑阁之后的五塔白台起到了"障景"的作用，使刚进入普庙山门的行人只能看到碑阁，而不能从碑阁左右两侧进一步窥探寺庙的纵深安排，给人以神秘之感，同时对碑阁与五塔门之间的过渡起到了前导和后续的作用，缓解了行进中的人由于连续看到两种不同风格的建筑而产生的视觉冲突；此外，对五塔门东西两侧的围墙施以遮障，避免了院落围墙给人的呆板之感。

中院，与前院相比，院落空间较为狭小，在由五塔门、琉璃牌楼、东边门、西边门四座主要建筑围合的这一区域，共置有七座白台建筑，院落西侧地势较为平缓，分布四座，东侧平缓地势较为狭小，分布三座，白台建筑在院落中随地势和空间错落有致、密而不乱的分布，在一定程度上减弱了中院轴线建筑分布的单调性。另外院内西侧最北处曲尺白台

（中院西4号白台）及其周边的附属白台建筑（中院西5号白台遗址、中院西3号白台），与琉璃牌楼西侧的院落围墙相连，在封闭的空间中起到了景观渗透的作用，给人以"隔而不断"的视觉享受，充分体现了营建者巧妙的设计与安排。

　　后院，是普庙院落中面积最大的一个院落，是引导进入寺庙高潮的重要部分。这一院落的建筑空间，与前院和中院相比，受到围墙的限制影响较小，院落所据的山体地势是影响院落群体建筑分布的主要因素。按照围墙围合的区域空间来看，东西面阔明显大于南北纵深，而按照建筑群所据的建筑空间来看，南北纵深却明显大于东西面阔。后院的僧房、经堂等众多藏式白台建筑随院落地势错落有致地分布在院落轴线（甬路）的两侧，前部白台建筑群的分布较为紧凑，而后部白台建筑随着大红台即将进入视线，开始逐渐由紧邻中轴线向两侧展开分布，建筑与建筑南北向的分布也开始略显稀疏，节奏逐渐由紧凑转为疏松，视线逐渐开朗，顿显开阔。轴线两侧白台建筑时而紧凑狭窄，时而宽敞明亮的布局手法，充分营造了神圣幽深的空间感受，使得后院空间丰富且具有强烈的导向性，巧妙地完成了白台建筑群与寺庙主体建筑大红台之间的完美过渡。另外，在轴线两侧不规则对称、呈南北纵向条状分布的两组藏式白台建筑群与围墙之间形成了东西两大部分的空余空间。这东西两部分狭长空余地带，是为环抱普庙围墙内建筑的两条狭长河谷，在河谷与围墙之间的小山坡上，零星点缀着数座守备普庙的白台建筑[1]，在一定程度上也减弱了河谷地带的空旷之感。从大红台群楼顶部俯视后院的整体布局，白台建筑以琉璃牌楼为起点，从中轴线开始逐渐向两侧辐射分布，疏密有序、疏而不空、密而不乱，均衡协调地完成了院落的整体布局，巧妙地用"众星捧月"的方式烘托了普庙主体建筑大红台的核心地位；另外甬路两侧白台建筑灵活自由的布局，肃穆中略带轻松，给人以欢快自由的心理感受，与大红台的巍峨庄严形成鲜明对比，进一步映衬了大红台的宏伟庄重（图2-4、图2-5，附图1）。

2.众多藏式白台建筑之间的空间关系

　　普庙中的藏式白台建筑按照具体的建筑形式可以分为两类：第一类是实心白台，即台体整体为实心，且没有院落，自成一体；第二类是空心白台，即台体为空心，内部自成天井式的围合院落，在院落内部建有单坡、平顶、硬山顶等不同形式规格的传统建筑。空心白台按照其院落内部建筑的具体用途又可以分为两类：第一类是僧房，是僧人平时休息或者学习的地方；第二类是经堂，是僧人礼佛念经学习之所。

　　在实心白台中，中院西2号白台和单塔白台的布局颇具特点。中院西2号白台，位于中院的西侧，紧邻院落中轴线，从视线角度来看，其阻挡了五塔门至西边门之间的视线，起到了隔断视线的作用；另外其所占据的建筑空间压缩了中院院落空间，营造了中院紧张、

---

[1] 旱河两侧的白台建筑均毁，现仅存基址。

冲压的氛围。单塔白台，据参照《钦定热河志》所附普庙全图（图1-12），可以找到单塔白台的建筑原型，即其原为一座实心白台，顶部并未设有单塔，顶部的单塔白台应该是在后来的寺庙添建或维修工程中施建的，其原来的建筑形制应与中院西2号白台一样，台顶也无装饰。在大红台底部的东部，突兀的修建一座并没有任何建筑实用功能的小白台，其功用是什么呢？按照藏传佛教顺时针转经的佛教义理，大红台下大白台的西侧蹬道为入口，而东侧为出口，在人行进至大红台西侧入口的过程中，单塔白台的台体对东侧出口起到了视线上的遮挡作用，给行进中的人以"只知入口，不晓出口"的好奇感应，在某种程度上延伸了视觉给人心理带来的历史体验。单塔白台与中院西2号白台，在建筑布局思想上有异曲同工之妙。综上所述，中院西2号白台与单塔白塔，并无任何使用功用，主要功用是用来舒缓和过渡普庙建筑之间的布局节奏，是设计处理寺庙建筑布局关系下的产物。

　　空心藏式白台是普庙中具有实用价值的建筑，主要有僧房和经堂两种类型，前者主要用于寺内僧人居住生活，后者主要用于僧人学经礼佛，相当于藏传佛教寺院中的"扎仓"和"拉康"[①]。上述这两种白台建筑都是寺庙僧人日常生活和礼佛的场所，故两者之间的分布空间必然会有一定的联系。在普庙中，现存的僧房建筑主要有东五塔白台、西五塔白台、后院东2号白台、后院西3号白台、中院西3号白台、前院西2号白台、前院东1号白台、东罡殿西北角白台、东罡殿东南角白台等白台建筑；经堂建筑主要为东罡殿、西罡殿、后院西2号白台楼、后院西1号白台楼等白台建筑。全观普庙总平面图（附图1），普庙的经堂并不是像藏传佛教中"扎仓"和"拉康"一样，集中分布在某一个区域，而是各自散开，零星的分布在众多僧房白台之间，这样的分布似乎没有什么规律可循，但是经堂的这种分散布局，进一步密切了与僧房白台之间的关系，为僧人就近集中诵经礼佛提供了方便。空心藏式白台建筑中的僧房与经堂的交叉布局，真实生动地反映了当年僧人平日里就近居住，就近学经礼佛的生活场景，这样的布局具有很强的实用性。

　　在众多藏式白台建筑中，东罡殿、中罡殿、西罡殿是一组较为特殊的建筑。从名字上来看，三座建筑均命名为"罡殿"，三者之间必然有某种联系。从三座建筑的分布空间来看，不难看出三座建筑的命名中的"东"、"中"、"西"是由各自的分布方位而决定的，但为何均命名为"罡"呢？"罡"的基本字义有三种解释。第一种解释为北斗星的斗柄；第二种解释为在平坦地区的一块显著高地；第三种，《康熙字典》解释为"天罡，即北斗也"。依次连接西罡殿、中罡殿、东罡殿三座白台殿建筑，就会发现三座建筑从西至中再至东的连线组成了一组很似北斗七星勺子状的图案，这样三座建筑的命名谜团就迎刃而解了。东、中、西罡殿三座建筑虽然距离较远，但通过在空间布局中的点线组合，寓意

---

① "扎仓"相当于大学里的学院，是寺庙教学的场所，是寺庙教育体制的重要组成部分；"拉康"在藏语中为佛殿之义，是藏传佛教寺院中供奉佛像、灵塔的建筑，是藏传佛教寺院中神灵的居所。

了"北斗七星"。

自由组合式布局的寺庙，大多是在原本不大的寺庙规模基础上，经过历代不断地增建而形成的，是缺少宏观、长远、完整规划的产物，往往使寺庙的整体布局紧密而复杂。将现普庙轴线两侧的众多藏式白台建筑分布情况与《钦定热河志》所附普庙全图（图1-12）进行比对，并无明显的变化，可见这种自由组合式的布局方式是普庙肇建之初规划设计手法的产物。营造设计者刻意利用高低不平、连绵起伏的地势，自由灵活地布置白台建筑，层层叠落，疏密结合，因山势而筑，与环境融为一体，充分体现了中国传统佛教所追求的超尘脱俗、恬静无为的主旨，这种布局方式与肃穆庄重的白台建筑形成一柔一刚的结合，互相映衬，相得益彰，在某种程度上是佛国自由世界的象征。另外通过灵活多变、彰显自由的表现手法与寺庙的核心建筑大红台形成鲜明的对比，一动一静，进一步烘托了大红台的庄严和华美。

（四）寺庙布局中的园林化特征

"中国的园林，既是作为一种物质财富满足人们的生活要求，又是作为一种艺术的综合体满足人们精神上的需要而出现的。它把建筑、山水、植物融合为一个整体，在有限的空间范围内，利用自然条件，模拟大自然中的美景，经过人为地加工、提炼和创造，出于自然而高于自然，把自然美与人工美在新的基础上统一起来，形成赏心悦目、丰富变幻、'可望、可行、可游、可居'的体形环境"[1]。简而言之可以概括为："中国园林是由建筑、山水花木等组合而成的综合艺术品，富有诗情画意。"[2]中国古典园林是中国园林的重要内容之一，它起源于殷周时期，转折于魏晋南北朝时期，全盛于隋唐时期，成熟于宋元明清。按照权属关系，主要分为私家园林、皇家园林、寺观园林三个主要类型。寺观园林应该包括两个层面的空间环境：第一层是指寺观的外部空间环境，即宏观空间环境；第二层是指寺观内部的空间环境，即微观空间环境。寺观园林环境及园林意境的营造，除了要遵循的园林布局及置景原则外，园林的构成要素是不可或缺的。寺观中的建筑、山水、小品建筑、植物等是寺观园林构景的重要要素，没有这些基本的构景要素，寺观园林的布局和营造就无从谈起。

前文关于普庙选址的风水思想以及总体布局的特征，从某种程度上来讲，也是普庙园林化特征的体现。故本节仅从掇山置石、植物造景及道路三个方面进行分析探讨，藉以展现和丰富寺庙的园林化特征。

---

① 冯钟平：《中国园林建筑》，清华大学出版社，1988年，第3页。
② 陈从周：《说园》，同济大学出版社，1984年，第2页。

1.掇山叠石

中国古典园林最大的特点就是以山水为骨架，以山林意境为追求，叠石、理水、植物造景一直是造园的主要手法。中国的园林叠山历史几乎和造园历史一样长，到了明清时期，伴随着中国古典园林的成熟也走向了成熟。

普庙的叠石①景观可以分为四个类型：

其一，"石包山"类型。其与叠石中"石包土"类型相似。"石包土"叠石是指以石为主，外石内土的小型假山，常构为小型园林中的主景。而在普庙中并不是以石包土，而是用石块依山体中所形成的垂直小型断崖，按照一定的坡度层层叠砌，使得不同地势的两个地平得以自然过渡，即以石包山，缓解山势。取其形象贴切之意，在此姑且将普庙中的这种叠石类型命名为"石包山"类型。"石包山"叠石主要分布在中院与后院的交界处。这一区域叠石以一定的坡度依断崖地势垒砌，形成两个不同地势的自然过渡，用叠石垒砌、蹲配断崖，在视觉上给人以自然舒适之美。另外此类叠石在琉璃牌楼前亦有布置（图2-6），叠石从五塔门北侧平台层层垒砌直至琉璃牌楼，在叠石中间设计蜿蜒曲幽的

图2-6 "石包山"类型

（来源：自摄）

---

① 据参与2013年启动的维修普庙工程的当地石匠师傅告知，普庙的叠石用材应是承德当地的一种石材，名为铁青石；普庙的石材很可能是就地取材，即取自普庙所在山岗。

蹬道，尽显自然之美，似有在山间踏游之感；另外通过在五塔门与琉璃牌楼之间垒砌叠石，调整了建筑与建筑之间的空间关系，用"以近求高"的方法，压缩了从五塔门至琉璃牌楼之间的视觉距离，进一步衬托了琉璃牌楼的高峻和肃穆。

其二，"石缀路"类型。在中国传统叠石类型中并没有这一类型之说，本文所说的"石缀路"类型是指零星点缀在道路两旁，随着道路走势时断时续的叠石。这一类型的叠石主要分布在后院甬路的两侧，三两块为一组，时断时续，为随山势迂回曲折的道路增添了不少情趣（图2-7）。

其三，"掇山"类型，是指对自然山体突出的岩石进行人工雕琢设计，在不尽人意之处辅以人工叠石，使其具有欣赏价值。在普庙中，"掇山"类型的叠石多有分布（图2-8），与其周边浓郁的木植相得益彰，增强了寺庙的山林意境。

其四，云步踏跺，是指用未经加工的石料（一般应为叠山用的石料）仿照自然山石码成的踏跺。云步踏跺多用于园林建筑，故应兼顾实用与观赏双重功能。在普庙中，云步踏跺多有分布，例如"无量福海"殿遗址、西罡殿、东罡殿等建筑院内的踏跺（图2-9）。云步踏跺在普庙中的施用，营造了寺庙的园林意境，是普庙园林化特征的一个重要表现。

图2-7 "石缀路"类型

（来源：自摄）

图2-8　"掇山"类型

（来源：自摄）

2.植物造景

园林植物造景，或称植物景观设计，就是指利用乔木、灌木、藤本及花卉等各种园林植物进行环境景观营造，充分发挥植物本身形体、线条、色彩等自然美，配置成一幅幅美丽动人的画面。园林植物造景是现代园林建设的重要内容，既包括人工植物种植设计与植物群落景观营造，也包括对环境中自然景观的保护和利用。[①]

现普庙中应用到的植物主要有油松、白皮松、侧柏、槐树、丝棉木、枫树、桑树等树种。民国时期寺内树木遭到了大肆地砍伐，新中国成立之后对寺庙的树种进行了添植，现已很难寻觅到寺庙未受到干扰之时的木植分布情况。但从《热河》所载的一张普庙老照片及寺庙中现在保存下来树龄达三百多年的油松、国槐、丝棉木的分布情况来看（图2-4、图2-5），仍可窥探到最初时对植、孤植、列植、丛植等的布局手法，由此可见，植物造景是普庙最初整体布局设计中的一个重要组成部分。

---

① 臧德奎：《园林植物造景》，中国林业出版社，2008年，第1页。

图2-9　中院西5
号白台遗址、西罡
殿、东罡殿云步踏跺
（来源：自摄）

3.道路的园林表象特征

寺庙园林化的另一个主要特征是寺庙中的道路，其最具独特之处就是道路随地势起伏，高低错落。在普庙中，后院的道路最具园林化特征。普庙道路的园林化主要体现在寺庙后院的轴线道路及通往轴线两侧各座白台建筑的道路。从琉璃牌楼而入，道路为冰裂纹狭窄甬路，随山势迂回曲折、时升时降、时左时右、时狭时阔、时缓时陡、时而明朗、时而幽静，把人、建筑、寺庙地势、叠石、植被等环境融为一体，蜿蜒迂回的道路如同一条纽带把寺庙中的所有景观串联起来。后院具有园林表象特征的甬路与前院和中院中规中矩的道路形成鲜明的对比，在一定程度上缓解了寺庙浓重的宗教氛围所带给人的压抑之感。

三、空间布局形成的原因

政治因素：普庙是以西藏布达拉宫为蓝本而修建，其主体风貌以藏传佛教寺院风格为主，但普庙作为清朝皇家敕建的寺庙，其整体空间布局在很大程度上受到了清朝统治者思想的影响，这或许与普庙所承担的社会功能也有关系，故普庙在前院和中院的轴线布局上施用了传统寺庙的轴线布局方式。

宗教因素：普庙作为清朝皇家敕建寺庙，其政治功用明显重于宗教功用，但普庙作为一个宗教性的活动场所，宗教因素对其整体布局的影响极其重要。首先，普庙随山势起伏的纵深布局，为寺庙中的僧人及入寺瞻佛者展现了庄重而又不失自由的理想佛国世界，为僧人的潜心修行提供了良好的环境。其次，普庙空间需要为寺内僧侣提供平日里生活学习的活动场所，以及为入寺礼佛朝拜者提供必要的活动空间和宗教氛围，这些具有多种不同功能的建筑通过多种组合方式完成了寺庙的整体空间布局。

文化因素：普庙以西藏布达拉宫为蓝本而建，其整体布局必定会受到汉、藏两种不同维度文化的影响，普庙的整体布局是汉藏文化多向交流融合的产物。

第三章

普陀宗乘之庙
建筑特色

第一节
普陀宗乘之庙建筑类型

一、金瓦屋顶建筑

金瓦屋顶，俗称"金顶"，即以鎏金铜质瓦件饰装的建筑屋顶。金瓦屋顶建筑除了在承德和北京有少量发现外，大部分分布在西藏、青海、内蒙古、甘肃、四川等边远少数民族聚居区域。金瓦屋顶是藏传佛教寺院政教权势的重要象征，也是宗教建筑最高等级的象征。普庙一共有三座金瓦顶建筑，分别是"万法归一"殿、"慈航普渡"殿、"权衡三界"殿。

二、琉璃瓦顶建筑

琉璃瓦顶，即以琉璃瓦件饰装的建筑屋顶，是中国古建筑的传统形式之一。普庙现存的琉璃瓦顶建筑一共有13座，它们分别是南正门、东边门、西边门、碑阁、中院东白台殿、后院东白台殿、钟楼、琉璃牌楼、中罡殿、后院西7号白台楼、戏楼、"洛迦胜境"殿、楼梯廊。这13座单体建筑按照建筑风格可以分为以下两类：

第一类是以传统建筑形制为主要特征的建筑，如碑阁、琉璃牌楼、戏楼、"洛迦胜境"殿、楼梯廊5座单体建筑。

第二类是汉、藏建筑形式相结合的建筑，即下部或院落围墙为藏式台体建筑风格，屋殿部分为传统琉璃瓦顶的建筑。如南正门、东边门、西边门、中院东白台殿、后院东白台殿、钟楼、中罡殿、后院西7号白台楼等8座单体建筑。

三、藏式白台建筑

藏式白台建筑，外墙粉刷成白色，在墙体上装饰红色盲窗，台顶四周垒砌外刷红浆的女墙，与藏族最具代表性的民居建筑碉房极为相似。

普庙中的藏式白台建筑按照具体的建筑形式可以分为两类（表3-1），第一类是实心白台，即台体整体为实心，且没有院落，自成一体，具体的代表建筑为上文提到的中院西2号白台和单塔白台，以及五塔门、三塔水门、西披门、东披门等白台建筑。第二类是空心白台，即台体为空心，内部自成天井式的围合院落，在院落内部施建单坡、平顶、硬山等不同形式的传统建筑。部分空心白台是完全意义上的空心白台，诸如前院西1号白台、东角白台、西角白台、东罡殿东南角白台、中院东1号白台、中院西1号白台、后院东1号白台、后院西5号白台、后院东3号白台（卫生间）、圆白台等白台建筑。但大部分空心白台建筑并不是完全意义上的空心白台，而是由实心白台、与实心白台相围合的院落围墙、院落内传统建筑三部分组成，由于围墙饰以与实心白台一样的红色盲窗，且围墙墙体较厚，建筑形制与前文所述的空心白台基本相同，故笔者将此种白台建筑类型也归类于空心白台①。依建

表3-1 藏式白台建筑类型表

藏式白台建筑类型	建筑特点	代表建筑	备注
实心白台	台体整体为实心，且没有院落，自成一体	中院西2号白台、单塔白台、五塔门、三塔水门、西披门、东披门等白台建筑	
空心白台	台体为空心，内部自成天井式的围合院落，在院落内部建有单坡、平顶、硬山顶等不同形式规格的传统建筑	前院西1号白台、东角白台、西角白台、东罡殿东南角白台、中院东1号白台、中院西1号白台、后院东1号白台、后院西5号白台、后院东3号白台（卫生间）、圆白台	完全意义上的空心白台
		经堂白台：东罡殿、西罡殿、后院西2号白台楼、后院西1号白台楼等白台建筑	不是完全意义的空心白台，而是由实心白台、与实心白台相围合的院落围墙、院落内传统建筑三部分组成的白台建筑
		僧房白台：前院西2号白台、前院东1号白台、中院西3号白台、东五塔白台、西五塔白台、后院东2号白台、后院西3号白台、东罡殿西北角白台、东罡殿东南角白台等白台建筑	

① 按照此种分类，中罡殿、钟楼、前院东白台殿、后院东白台殿、后院西7号白台楼等归类于琉璃瓦顶建筑类的建筑，亦属于空心白台建筑类型。

筑的体量和用途，空心白台又可分为两类，第一类是空心白台院落内的建筑体量较小，均为一层的单坡、平顶或硬山顶的小型建筑，为庙内喇嘛僧人的居住之所——僧房，诸如前院西2号白台、前院东1号白台、中院西3号白台、东五塔白台、西五塔白台、后院东2号白台、后院西3号白台、东罡殿西北角白台、东罡殿东南角白台等白台建筑。另一类是院落内的建筑体量较大，大部分为两层建筑，为庙内喇嘛僧人礼佛念经学习之所——经堂，诸如东罡殿、西罡殿、后院西2号白台楼、后院西1号白台楼等白台建筑。

四、小品建筑

除了以上所述的建筑类型，小品建筑也是普庙群体建筑的重要组成部分。普庙中最具代表性的小品建筑有塔、碑、石狮、石象、琉璃无量寿佛幔帐、佛龛、琉璃门罩、琉璃角旗、琉璃八宝等（表3-2）。

五、其他建筑

除了以上所述的建筑类型，普庙中还有一些其他建筑，例如南正门前的五孔石桥，以及位于东、西旱河北部的水门，寺庙围墙等，这些建筑也是组成普庙不可或缺的一部分。

表3-2　小品建筑类型表

建筑类型	位置	
塔	五塔门、东五塔、西五塔、单塔白台、三塔水门台顶上的砖塔；大红台群楼和御座楼群楼女墙上的琉璃塔	
碑	碑阁内《普陀宗乘之庙碑记》碑、《土尔扈特全部归顺记》碑、《优恤土尔扈特部众记》碑；千佛阁院内《千佛阁碑记》碑	
石狮	南正门前两侧和琉璃牌楼前两侧	
石象	五塔门前两侧	
琉璃无量寿佛幔帐、佛龛	大红台南立面墙体轴线位置；大红台群楼东、南、西立面女墙墙体外侧	
琉璃门罩	御座楼群楼南立面墙体两侧；文殊圣境台体的东立面和南立面墙体	
琉璃八宝及角旗	建筑女墙的顶部	

一、金顶建筑

（一）"万法归一"殿

1. "万法归一"殿概述

"万法归一"殿是普庙的核心建筑。该建筑位于大红台群楼天井院内，为重檐木结构的四角攒尖顶建筑，建成于乾隆三十六年（1771）八月，距今已有240多年的历史。该建筑具有两大特点，其一，建筑整体为木质结构，梁柱结构简洁，室内空间较为宽敞，构造合理，建筑受力均匀且稳定；其二，屋面为鎏金铜瓦，金碧辉煌且庄严肃穆（图3-1～图3-4）。

"万法归一"殿建于22米见方的台基之上，建筑平面呈正方形，总面阔与总进深均为19.4米，从室内地坪至宝顶高度为20.71米，台基高为0.935米，建筑总高为21.645米。建筑面阔与进深均为五间，四周出廊，明间、次间、稍间开间均为3.22米，廊间开间为1.65米。大木构架由檐柱、外围金柱、里圈通金柱三层柱网所形成的两层木构架构成，檐柱与外围金柱间及外围金柱与里圈金柱间施挑尖梁、穿插枋，檐柱间用大、小额枋连结，外围金柱间用上额枋、围脊枋、承椽枋、棋枋连结，里圈金柱之间用额枋、上下两层棋枋连结，施加抹角插枋、平板枋、天花梁，上承藻井。一层外檐用单翘单昂五踩斗栱，二层外檐用双昂单翘七踩斗栱，内檐用三翘七踩斗栱，藻井用七踩斗栱。檐柱和外围金柱构成廊间和一层出檐，内圈高约11.28米的12根通金柱组成3间×3间的贯通上下两层的室内空间，用来置放宝座及陈设物品。

南北正中三间、东西正中一间为四扇六抹三交六椀菱花心屉格扇门，其余各间施用槛墙，木装修为四抹槛窗和三交六椀菱花心屉横披窗，北面里圈金柱明间做格扇隔断。殿内藻井为斗四套叠八角形方井，藻心为贴金木雕的金龙戏珠(金漆蟠龙)。井口天花，天花板饰梵文"六字真言"图案。四壁梁枋、壁板饰以金龙和玺彩画，斗栱饰以金线。屋面采用

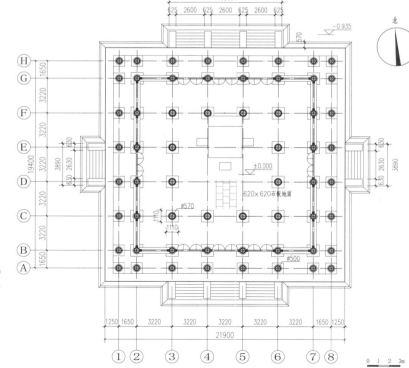

图3-1 | 图3-3

图3-2 | 图3-4

图3-1 "万法归一"殿金顶（来源：自摄）

图3-2 "万法归一"殿平面图①

图3-3 "万法归一"殿横剖面图

图3-4 "万法归一"殿正立面图

① 本文正文和附图部分未注明来源的图纸，均来源于2012年《承德普陀宗乘之庙保护修缮工程》设计方案。

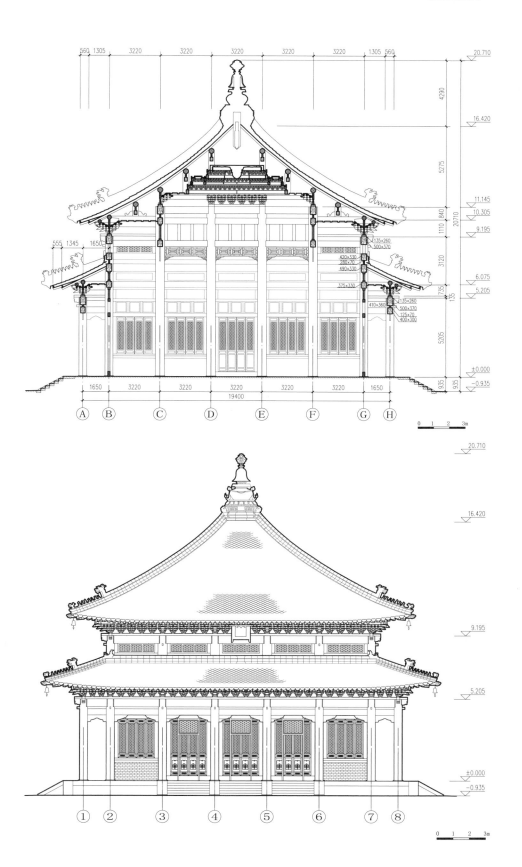

鎏金鱼鳞铜瓦，屋脊为夔龙纹鎏金脊筒，宝顶为方形基座上承金刚铃，垂脊兽前用7个小跑，小跑前用望兽（角兽）。

二层檐南立面正中挂乾隆御书"万法归一"满汉蒙藏四体字云龙陡匾，殿内北面明间里圈金柱上方挂乾隆御书"万缘普应"匾额，匾下挂长10米，宽3米绢画《无量寿佛在极乐世界图》，南面明间里圈金柱挂乾隆御书"总持初地，法轮资福，胜因延上塞；广演恒沙，梵乘能仁，宏愿洽群藩"和"梵教流传宗递演，化身应现慧常融"楹联。殿内陈设铜珐琅菩提塔、紫檀木万寿塔、珊瑚树等，中央紫檀木藩花佛龛内供奉释迦牟尼佛，供桌上供奉七珍、八宝、五供等，佛龛后正中置放宝座床。

2."万法归一"殿鎏金鱼鳞铜瓦屋面

（1）鎏金工艺概述

鎏金，历代亦称黄金涂、涂金、流金、锚金等，作为我国的一种传统工艺，至今已有两千多年的历史。河南信阳长台关楚墓及洛阳烧沟附近战国墓中均曾出土鎏金铜带钩[1]，故一般认为我国的鎏金技术出现在战国中晚期。将鎏金技术应用于中国传统建筑的历史亦为久远。据《汉书·外戚·孝成赵皇后传》载："切皆铜沓，黄金涂。"[2]切，即门；铜沓就是铜门钉；黄金涂，说明该建筑的门钉为铜质鎏金。关于建筑上用鎏金铜瓦的最早记载见于《旧唐书·王缙传》，载："五台山有金阁寺，铸铜为瓦，涂金于上，照耀山谷，计钱巨万亿。"[3]据目前我国现存古建筑状况来看，这种装饰风格的建筑除了在承德和北京有少量发现外，大部分分布在西藏、青海、内蒙古、甘肃、四川等边远少数民族聚居区域。关于金瓦的样式、规格尺寸的系统规范，在历史文献中并无文字记载，从现存的金顶建筑实物情况来看，一殿一样，没有重复。由此可见金瓦的规格并没有严格的规范，这或许是金瓦顶这种等级较高的建筑施建较少的缘故。

鎏金工艺的记述和经验大部分都是在实际操作过程中，口手相传。历史文献中，对鎏金工艺及所用材料也有所提及。如明代方以智《物理小识》中记载："以汞和金，涂银器上成白色，入火则汞去而金存，数次即黄。"[4]但目前并没有发现关于鎏金传统工艺完整详细的总结性的文献资料。有据可查的较近一次鎏金是1981年对故宫东南角楼铜宝顶的重

① 河南省文化局、文物工作队：《信阳长台第2号楚墓的发掘》，《考古通讯》1958年第11期，第79~80页；王仲殊：《洛阳烧沟附近的战国墓葬》，《考古学报》1954年第8期，第127~162页。
② （汉）班固撰，（唐）颜师古注：《汉书》，中州古籍出版社，1991年，第655页。
③ （后晋）刘昫等著：《旧唐书》，中华书局，1997年，第750页。
④ 陈文涛笺证：《方以智物理小识》，福州文明书局，1936年，第93页。

新鎏金。王海文《鎏金工艺考》①、曹静楼《传统的鎏金工艺》②、吴坤仪《鎏金》③、姜怀英《西藏的鎏金技术》④、李林丽《鎏金和外金瓦殿》⑤等论文对中国传统的鎏金工艺进行了详尽的记述，结合1981年对故宫东南角铜宝顶鎏金的近期实践经验，本文对传统金瓦鎏金工艺工序简要整理如下：

第一步，用紫铜，即工业纯铜，做成厚约2～3毫米的铜板，根据建筑屋顶设计要求，制作不同样式规格的瓦件。首先把铜质瓦件擦洗干净，即对镀件表面进行清理打磨，经过处理的镀件要求达到平整光洁，不能有一点凹凸不平和污物，以利于鎏金层与镀件表面的紧密结合，传统常用酸洗和磨金碳打磨，以使镀件平整光洁。

第二步，"杀金"，就是将黄金溶解在液态汞中成为"金泥"。先将黄金捶打成极薄的金片，再剪成碎片，放置坩埚加热到一定温度（约400℃），然后再倒入汞与碎金混合，黄金和汞的比重比例约为1∶7，待蒸发的汞蒸气散去后，黄金就被汞溶解了，然后将溶液放在冷水中冷却，形成的浓稠的颜色发白的泥状物就是"金泥"，也就是化学中所谓的"金汞齐"，它实际上就是金与汞形成的合金，反应式为：$Au + 2Hg = AuHg_2$。在加工金泥的过程中，要防止以下两种情况：一是出现硬的金颗粒，这主要是由于金溶化不好所致；二是汞蒸发过量而巴底。要防止这两种现象出现，必须准确地掌握火候，火候不到就会出现第一种情况，火候过头第二种情况就会发生。金泥制成之后，迅速倒入盛有清水的盆中，清除其浮在水面的污物，再把金泥倒入另一容器中，用清水封好待用。

第三步，"抹金"，顾名思义，就是将"金泥"涂抹在镀件表面的工序，所用的工具有"金棍"、"发拴"等，首先用类似于抹子的"金棍"沾"金泥"，再沾混合有盐、矾的酸液，涂抹在镀件表面，用金棍的铲底将金泥均匀地抹开使之扩散，直至涂抹镀件全部表面。然后再用头发制成的"发拴"蘸硝酸将"金泥"涂刷均匀，如果刷得不均匀，鎏金后的颜色就会不均匀而且金层组织也不致密。"发拴"的推压是一道重要的工序，有"三分抹七分涂"的说法。在将金泥均匀涂刷完成之后，用热水冲掉留在表面上的硝酸盐，最后再用流动的清水冲洗干净。

第四步，"开金"，即用炭火烘烤"抹金"后的镀件，在烘烤过程中，镀件表面覆盖的"金泥"，颜色由白色逐渐变成淡黄色直至金黄色，最后完全露出黄金层，故此工序又

① 王海文：《鎏金工艺考》，《故宫博物院院刊》1984年第2期，第50~58、84页。
② 曹静楼：《传统的鎏金工艺》，《文物保护技术》1991年第6辑，第74~83页。
③ 北京钢铁学院学报编辑部：《中国冶金史论文集》，1986年，第157~161页。
④ 姜怀英：《西藏的鎏金技术》，《文物保护技术》1991年第6辑，第47~49页。
⑤ 李林丽：《鎏金和外金瓦殿》，《文物春秋》1992年第4期，第67~69页。

可称为"烤黄"。根据镀件的器形，制作炭火炉烘烤，如果能烘烤抹金面的背面最佳，一般当温度达到300～500℃时，待抹金面的汞蒸发。随着汞的不断蒸发，镀件表面会出现像小水珠一样的颗粒，这时要用棕刷将滚动的颗粒轻轻拍散，一来防止小颗粒滚离镀金表面使黄金层受到影响，二是防止滚动的小颗粒遇冷后形成金疙瘩而影响鎏金面的光洁度。当镀件表面冒出一层白烟即可停止烘烤，用硬鬃刷在上面捶打，以使黄金与镀件表面结合更加牢固。

第五步，"清洗"。由于在"开金"烘烤的过程中，会使鎏金表面附着一层白霜似的氧化汞，这时可以用铜丝刷蘸着酸梅水或者杏干水刷洗鎏金表面，然后再用皂角水将鎏金层完全清洗干净。如果在清洗的过程中发现鎏金的表面颜色深浅不一，则需要回火，再次"开金"。

第六步，"压金"。为了使黄金层更牢固地附着在镀件基体上，增加鎏金层的亮度和反射光的能力，使用玛瑙压子蘸皂角水按一定顺序来回压刷鎏金层，将鎏金层面上的极小黄金颗粒压平，同时把水银蒸发时出现的微小空隙挤压结实，以使表面达到光泽均匀。

如上"抹金"、"开金"、"压金"的过程重复三到四次，才能达到较为理想的鎏金效果。鎏金的用金量与完全用纯金打造瓦件的用金量虽然无法相比，但仍是一个不小的数目。据《清宫热河档案》记载，普庙三座金瓦殿净用金6646.584两。[①]

"万法归一"殿为普庙的核心建筑，气势庄严。其金顶部分，全部为鎏金瓦件所覆盖，装饰极其华贵。金灿灿的屋顶在阳光的照射下，仿佛是一座闪闪发光的金山，令人为之震撼，它是我国古代匠人在屋面装饰艺术方面一项成功的创作。

（2）"万法归一"殿鎏金瓦件

"万法归一"殿金瓦屋顶主要由鎏金鱼鳞铜瓦、脊部鎏金铜质构件及宝顶三部分组成，各部分情况简要概述如下：

鎏金鱼鳞铜瓦　"万法归一"殿屋面的鎏金鱼鳞铜瓦，瓦胎主要由厚约2～3毫米的纯铜板铸造而成，在每块瓦件前部的外露部分，铜板向下垂折约1厘米，从外侧看铜瓦似由厚约1厘米的铜板铸造而成。通过对瓦件的巧妙设计，在给人视觉上以宏厚之感的同时，也节省了瓦件所需的工料，减轻了屋面的负重。另外，在每件瓦件与其相邻瓦件叠加的后尾外圈部分，均向上隆起2～3毫米，这一做法有效地加强了每块瓦件之间叠加结合的严密性，在很大程度上避免了屋面雨水下流时回返。瓦件与屋面的连附是通过每件瓦件后尾部分长条状的"爪"实现的，即通过在瓦件后尾部的"爪"上钉钉与屋面灰背相连

---

① 中国第一历史档案馆、承德市文物局合编：《清宫热河档案》第2册，中国档案出版社，2003年，第490页。

附。全观"万法归一"殿屋面的鎏金鱼鳞铜瓦的设计，无不体现着当时对瓦件设计的别具匠心（图3-5）。

鎏金鱼鳞铜瓦主要有三种规格（图3-6），第一种规格为四联鎏金鱼鳞铜瓦，主要用在屋顶的正身坡面，是屋顶瓦面施用数量最多的瓦件；第二种规格为三联鎏金鱼鳞铜瓦，主要用在屋面的檐口部位，即每个坡面的最下一排瓦件为三联鎏金鱼鳞铜瓦，它与四联鎏金鱼鳞铜瓦相比，少了一联瓦片；第三种规格是异形鎏金鱼鳞铜瓦，主要用在垂脊两侧和宝顶座下方的位置，是根据其所处的位置以及被垂脊或宝顶座所叠压的情况对瓦件形状做出调整的瓦件。

除了上述的鎏金鱼鳞铜瓦，屋面上另一种重要的瓦件便是檐口部位的鎏金如意纹铜滴水（图3-7），滴水主要通过在瓦件尾部钉钉与屋面相附连。由于"万法归一"殿檐口部位椽飞糟朽严重，2014年8月对"万法归一"殿檐口部位的瓦面进行了揭除，在维修当中，发现在异形鎏金鱼鳞铜瓦、鎏金如意纹铜滴水的隐蔽部位均有编号，而三联、四联

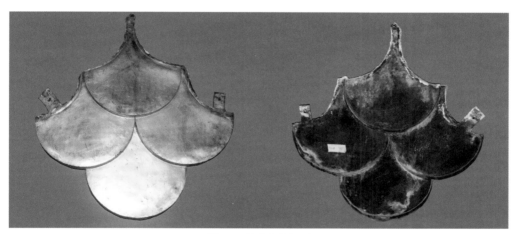

图3-5　鎏金鱼鳞铜瓦
（来源：自摄）

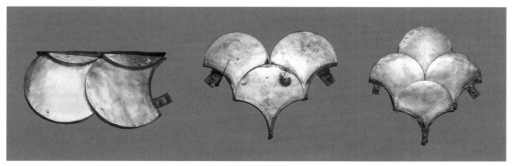

图3-6　鎏金鱼鳞铜瓦样式规格
（来源：自摄）

图3-7 鎏金如意纹铜滴水
（来源：自摄）

鎏金鱼鳞铜瓦上并无发现。由此可见三联、四联铜瓦受屋面位置的影响较小，样式规格一样，在使用上具有通用性。相比之下，异形鱼鳞瓦件会受到垂脊及宝顶座的影响，滴水后尾的造型会受到檐口翼角升起的影响，不同位置需要不同规格和样式的瓦件，故需进行编号，以便合适安装。异形鎏金鱼鳞铜瓦的编号为单纯的数字，通过所标记的数字顺序来确定其安装的位置（图3-8）。鎏金如意纹铜滴水的编号较为混乱，在每一块滴水的后尾主要有三种标记样式：第一种是通过文字模具砸打在瓦件之上，除了标记数字之外，还在数字之前标记"天"、"下"、"太"、"平"、"天下"、"下下"、"太下"或"平下"等文字；第二种标记样式是通过硬度较高的尖锐物刻画上去的，字体的刻画手法较为随意，除了刻画数字以外，在数字之前还刻画了"东"、"南"、"西"、"北"、"东下"、"南下"、"西下"或"北下"等文字；第三种为标记"艺海新造 1992 5"字样的滴水。前两种标记样式一般同

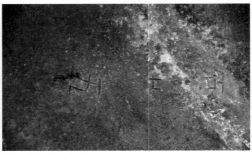

图3-8 异形鎏金鱼鳞铜瓦上的文字
（来源：自摄）

图3-9 滴水上的文字
（来源：自摄）

时出现在同一件滴水上，而第三种则是单独出现（图3-9）。

借2014年下半年对"万法归一"殿屋面维修工程之便勘察，发现上述异形鱼鳞铜瓦和滴水上的文字标记与其现在所在的坡面及所在坡面的具体位置并没有规律可循，比如在揭除金瓦面积比较大的二层东坡瓦面，异形鱼鳞铜瓦的数字标记混乱不堪，随意性很大；在滴水上，"天"、"下"、"太"、"平"、"天下"、"下下"、"太下"、"平下"、"东"、"西"、"南"、"北"、"东下"、"西下"、"南下"、"北下"等字样均有出现，并无明显的置放规律。"万法归一"殿金瓦构件上的这些文字标记应该是对瓦件所在位置的一种标示，但现如今已混乱无章了。查阅关于1991-1992年对"万法归一"殿屋面维修的档案卷宗，并没有发现关于瓦件上文字标记的记录档案。另据当时参与修补瓦面的老师傅告知，在维修前，"万法归一"殿的下檐屋面瓦件缺失较为严重，在维修的过程中采取了将下檐的瓦件移至上檐屋面，下檐统一补配的维修方案。由此可见，当时的维修并没有对瓦件上标示文字的情况予以过多的重视，而是根据现存瓦件进行了人为的移置和更换，因此出现了现在瓦件编号混乱的情况。

通过认真比对分析，笔者发现滴水上的文字标记仍有规律可循。

其一，上文所述滴水上的前两种标记文字，同时出现在每一件滴水的后尾。从现拆卸下来的滴水来看，在大部分滴水上"天"与"北"、"下"与"南"、"太"与"西"、"平"与"东"同时出现，"天下"与"北下"、"下下"与"南下"、"太下"与"西下"、"平下"与"东下"同时出现，但是也有个别滴水并没有遵循这样的规律，例如在拆卸下来的滴水中发现有"天下"与"东"、"天下"与"南下"等同时出现的情况。另外，第三种文字标记，大部分出现在下檐，单独标示，不与前两种文字出现在同一件滴水构件上。

其二，从滴水上同时出现两种不同类型的文字标记分析来看，"天"、"下"、"太"、"平"及"东"、"南"、"西"、"北"标记的滴水应是上层檐使用的滴水，"天下"、"下下"、"太下"、"平下"及"东下"、"南下"、"西下"、"北下"是对下层檐所使用滴水的标记。另外，根据对现有拆卸下来的滴水分析，"天"对应"北"，"下"对应"南"，"太"对应"西"，"平"对应"东"，"天"、"下"、"太"、"平"是对北、南、西、东四个不同坡面的标示，用"天"、"下"、"太"、"平"四字来标示滴水构件所在的位置表达了对国家社稷的美好祈福。

其三，第一种标记应该早于第二种标记，应该是滴水在刚刚造完之后通过数字模具砸打上去的，个别滴水中出现"天下"与"东"、"天下"与"南下"等无规律的对应，也是两种文字标记先后标示的一个佐证。另外出现这样的情况，第二种文字很有可能是屋面金瓦在建成后的一次维修当中标记的，其标示并不是完全依据第一种文字记述的位置而标记，而是根据屋面的损坏情况及现存滴水情况进行了必要的调整，其标记的位置应该是在维修后放置在屋面的位置，它为我们探知"万法归一"殿维修的情况提供了宝贵的实物资料。第二种文字并不是仅对位置出现变更的滴水的标记，而是对所有滴水进行了统一标记，充分体现了此次维修"万法归一"殿屋面金瓦时严谨的理念。

其四，从第三种文字标记的内容来看，这类滴水是在1992～1993年对"万法归一"殿大修时补配的瓦件，"1992"和"5"代表的是瓦件制作的年代及月份，"艺海新造"代表的是承托制造瓦件的公司——"北京市艺海实业公司"[①]。这样的瓦件大部分出现在下檐屋面，正好印证了参与当时维修的老师傅所告知的情况。

脊部鎏金铜质构件 围脊主要由夔龙纹鎏金围脊筒、合角围吻、剑把等构件构成；垂脊部位的鎏金铜质构件，主要由夔龙纹鎏金脊筒、跑兽、垂兽、前垂兽（角兽）、螳螂勾头、套兽、风铎等构件组成。据参与1992～1993年维修的老师傅告知，垂脊及围脊的内部结构为木质胎体，外部的鎏金铜质构件是通过铜钉钉安至木质胎体之上。垂脊在阳光的照射下，犹如从宝顶底座腾飞出的四条金龙，金光闪闪、惟妙惟肖。脊部的这些构件制作精美，构件之间完美结合，其完美程度难以用语言所描述。

上檐每条垂脊所用的夔龙纹鎏金脊筒为38块，下檐每条垂脊为14块；下檐每面围脊为37块，上檐每面围脊为3块。围脊主要有五种类型，第一种为纹饰中带"寿"字的脊筒，一般置放在围脊的中央，其余四种类型在纹饰上几近相似，脊筒的具体排列顺序如图所示（图3-10）。上檐四条垂脊与顶部围脊相连，下檐四条垂脊与围脊四角上的合角吻相连，簇拥着围脊中央一个硕大的"寿"字，以取"万寿无疆"之意。

"万法归一"殿的每条垂脊上的鎏金铜质跑兽使用了7个，从前至后依次是龙、凤、麒麟、狮子、海马、天马、獬豸（图3-11），是普庙建筑中使用跑兽最多的一座建筑，充分体现了"万法归一"殿在寺庙中的核心地位。雍正十二年（1734）颁布的《清工部工程做法》规定建筑垂脊上所用的跑兽，自前向后依次为龙、凤、狮子、海马、天马、狎鱼、狻猊、獬豸、斗牛。"万法归一"殿垂脊上的跑兽中出现了麒麟，另外还出现了用獬豸取代狎鱼位置的排列组合现象，让人百思不得其解。"万法归一"殿跑兽的这种特殊的排列组合情况与故宫太和殿垂脊上将獬豸排在狎鱼之前的特殊排列组合现象，可谓是我国古建筑脊部跑兽排列组合的两个殊例。

关于垂脊、围脊及垂兽的纹饰及样式，吴庆洲先生将此种脊饰称作为"纹头脊"[②]。但是将"万法归一"殿的垂兽、前垂兽（角兽）及合角吻兽（图3-11）与藏式建筑中已本土化的摩羯垂兽和吻兽相比较，二者之间在外体形态上有着很大的相似性，既有长鼻子，又有龙角和剑把，是在藏式摩羯脊饰文化上的进一步发展。如果说藏式摩羯脊饰体现了中

① 承德市文物局资料室所藏《周围寺庙》档案中的第151档《金瓦制造协议书》可佐证。
② 吴庆洲：《中国古建筑脊饰的文化渊源初探（续）》，《建筑与文化》1997年第4期，第6~12页。

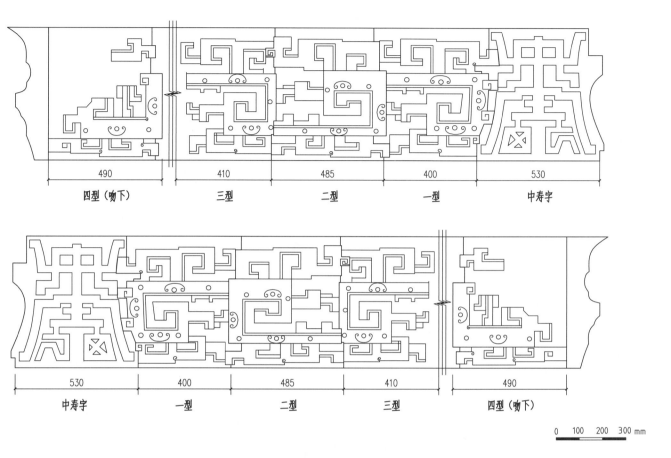

图3-10 "万法归一"殿围脊纹饰
（来源：据承德市文物局资料室提供资料改绘）

印建筑脊饰文化的融合，那么"万法归一"殿的垂兽、合角围吻的样式及纹饰便是汉藏建筑脊饰文化融合发展的具体体现。

宝顶 高约4.3米，全部构件为鎏金纯铜材质，从下至上主要由宝顶座、金瓶、金刚铃三部分组成（图3-12）。宝顶座位于宝顶最下一层，主要由方形回纹座、方形莲花座两部分组成，方形回纹座置于屋面顶部的鎏金夔龙纹围脊之上，其上置方形莲花座。宝座的两个组成部分在结构上相当于传统古建筑琉璃宝顶中的圭角和下枭部分。金瓶位于宝顶的中间部位，主要由瓶身和瓶口沿两部分组成。瓶身位于方形莲花座之上，在瓶身宽肩处饰带结吉祥飘带，其形状与装饰和普庙琉璃佛八宝中的"罐"无异。瓶口沿位于瓶身上部，具体样式如一倒覆的承露盘，其四周饰有卷草纹及藏文六字真言，与下部瓶身完美结合。宝顶的最上层为五股金刚铃造型，主要由铃身、正覆莲花座、铃柄三部分组成。铃身外壁饰有三种图案，上部图案为4组兽面璎珞纹饰，每组之间通过上下两条联珠相连，在联珠

图3-11　"万法归一"殿垂兽、跑兽、前垂兽、围吻

（来源：自摄）

的中部缀饰珠宝相花纹；中部为佛教八宝吉祥物图案，八宝图案之间添饰如意吉祥云纹；
下部为夔龙纹图案，纹饰与脊部纹饰相同。正覆莲花座位于金刚铃的中间部位，即一般金
刚铃手握铃柄的部位，正覆莲花座中间的结合部位周圈雕饰有宝珠。铃柄，为五股，周圈
四股为如意卷草样式，中间一股由周圈雕饰有宝珠的方形宝盒和锥形柄尖组成，铃柄的装

饰纹样与禅杖的头柄极为相似。宝顶最
上部的金刚铃结构造型相当于是对传统
古建筑中琉璃宝顶中宝珠部分的复杂异
化。

　　金瓶、金刚铃是构成"万法归一"
殿宝顶的主要组成部分。宝瓶，藏语译
音为"奔巴"，汉语又称"罐"或"宝
罐"，是藏传佛教中密宗修法灌顶时的
法器之一，象喻佛法深厚坚强，聚福智
圆满充足，如宝瓶般无散无漏。金刚
铃，为密宗法器之一，又称之为"法
铃"、"金铃"、"金刚法铃"，在藏
传佛教中称之为"藏铃"。其为督励众
生精进、警觉诸尊、警悟有情的意思，
即于作法、修法中，为惊觉众生、诸
尊，令彼等欢喜而摇之。宝瓶和金刚
铃，是藏传佛教中重要的法器，将其刻
意设计为"万法归一"殿宝顶的重要组
成部分，充分体现了汉藏建筑文化的融合。

图3-12　"万法归一"殿宝顶
（来源：自摄）

（二）"权衡三界"殿、"慈航普渡"殿

　　"权衡三界"殿和"慈航普渡"殿是普庙另外两座金顶建筑，屋面瓦件的样式及装饰
题材与"万法归一"殿相比，除了瓦件规格较小之外，几近相同，在此仅对两座金顶建筑
的结构、装修、陈设等情况做简要描述和分析。

1. "权衡三界"殿

　　位于御座楼平台东北角，双围柱重檐八角亭，建筑正门朝向西南。建筑平面布局、基
本结构及装修如下（图3-13~图3-16）：
　　平面为正八面形，共用16根柱子。外围8根，用来支撑一层梁架及屋面；里围8根，用
来支撑二层梁架及屋面。檐柱与金柱间施挑尖梁、穿插枋，檐柱间以大、小额枋连结，金
柱间用上额枋、围脊枋、承椽枋、棋枋连结，大额枋、上额枋做成箍头枋；用两层长短趴
梁组成上部两层八边形构架，二层构架金檩上施太平梁，太平梁上立雷公柱，八根由戗交

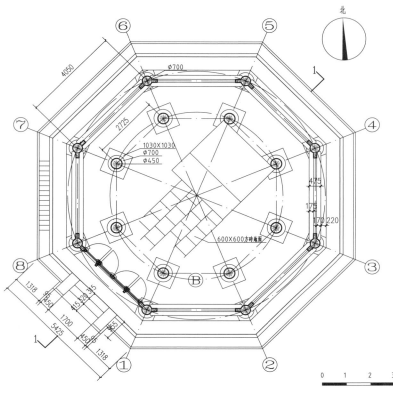

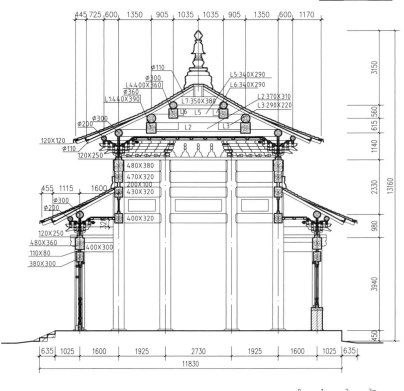

图3-13 | 图3-14
—————
　　　 | 图3-15

图3-13 "权衡三界"殿全景
（来源：自摄）

图3-14 "权衡三界"殿平面图

图3-15 "权衡三界"殿剖面图

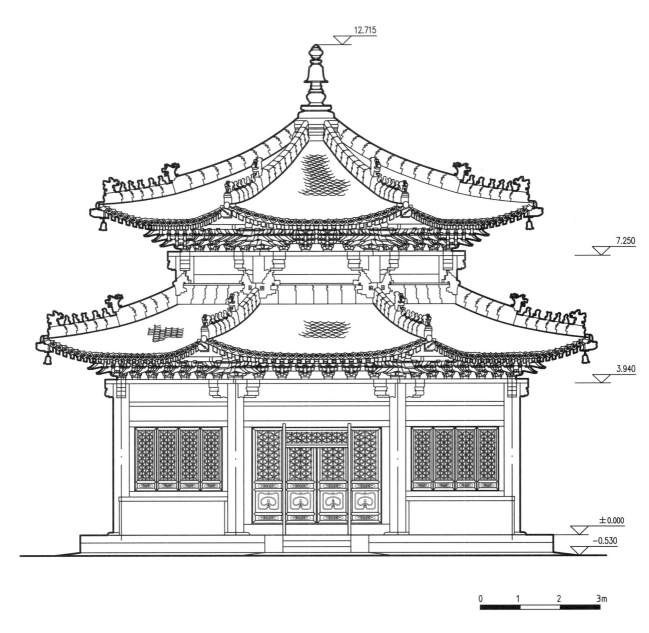

图3-16　"权衡三界"殿正立面图

于雷公柱。上檐双昂单翘七踩斗栱，下檐单昂单翘五踩斗栱。屋面覆鎏金鱼鳞铜瓦，宝顶
呈法铃状，垂脊兽前施用龙、凤、麒麟、狮子、海马五个小兽，小兽前用望兽（角兽）。
西南、东南、西北、东北四个方向开四扇五抹三交六椀菱花心屉格扇门，东、西、南、北
四个方向为四扇三抹槛窗，干摆槛墙，台基为陡板石台帮，地面为方砖十字缝铺墁。梁架

施用金线大点金彩画，斗栱施用金线。二层檐下挂乾隆御书"权衡三界"云龙陡匾，殿内供奉铜鎏金吉祥天母和二尊从神，佛像上方挂乾隆御笔"精严具足"横匾，两侧为"法界现神威，即空即色；梵天增大力，非住非行"楹联。

2."慈航普渡"殿

位于大红台群楼西北角高台上，位居普庙最高点，坐北朝南，双围柱重檐六角带正脊建筑，即马炳坚先生在《六角亭构造技术》一文中所称的"长六角亭"[①]建筑形式。"慈航普渡"殿的建筑平面布局、基本结构及装修如下（图3-17~图3-21）：

平面为长六边形，即正南、正北面阔方向加宽的正六边形。建筑共用12根柱子，外围6根，用来支撑一层梁架及屋面；里围6根，用来支撑二层梁架及屋面。檐柱与金柱间施挑尖梁、穿插枋，檐柱间以大、小额枋连结，金柱间用上额枋、围脊枋、承椽枋、棋枋连结，大额枋、上额枋做成箍头枋；用一层长短趴梁组成上层六边形构架，构架金檩上再施两组趴梁，趴梁上立脊瓜柱，六根由戗交于两根脊瓜柱。两个脊瓜柱间用脊檩、脊枋连结，构成六边形上的正脊。上檐双昂单翘七踩斗栱，下檐单昂单翘五踩斗栱。铜鎏金鱼鳞铜瓦屋顶，宝顶呈法铃状，垂脊兽前施用龙、凤、麒麟、狮子、海马五个小兽，小兽前用望兽（角兽）。南面正中一间为六扇五抹三交六椀菱花心屉格扇门，两侧两间为用六扇三抹三交六椀菱花心屉槛窗，北面三间为封护檐墙，干摆下碱墙，糙砌墙身，抹灰刷红浆。北面正中两根金柱间有隔断。条石台帮，尺二方砖十字缝地面。梁架施用金线大点金旋子彩画，斗栱施用金线。上檐下方正中挂乾隆御笔"慈航普渡"云龙陡匾，下层檐匾为"普胜三界"；殿内有供桌和宝座，北面围脊枋上挂乾隆御书"示大自在"，两侧对联为"水镜喻西来妙观如是，月轮悟南指合相云何"。

"长六角亭"是我国传统六角亭中一种特殊的建筑结构形式，较为少见。在皇家敕建的普庙中将这种特殊的六角亭建筑形式，应用于寺庙最高点"慈航普渡"殿的结构设计上，应有某种特殊用意。查阅所见历史档案，均未发现与此相关的任何记述。笔者推测，"慈航普渡"殿呈东西向的正脊是"一"字的象征，是"万法归一"之"一"的象征，与中国传统正六角亭攒尖建筑形式相比，将位于寺庙最高点"慈航普渡"殿的结构形式设计为六角攒尖至"一"字正脊的形式，更加形象鲜明地表达了"万法归一"之寓意。

---

① 马炳坚：《六角亭构造技术》，《古建园林技术》1987年第4期，第7~19页。

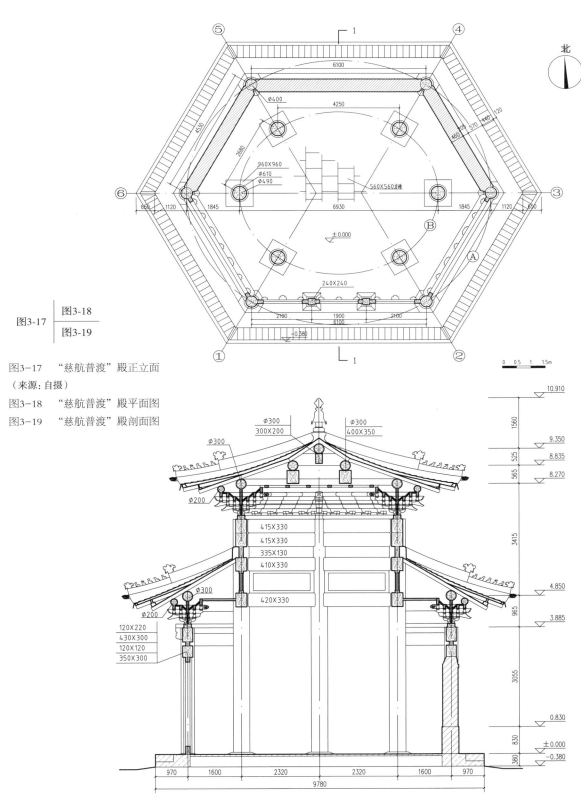

图3-17　"慈航普渡"殿正立面
（来源：自摄）

图3-18　"慈航普渡"殿平面图

图3-19　"慈航普渡"殿剖面图

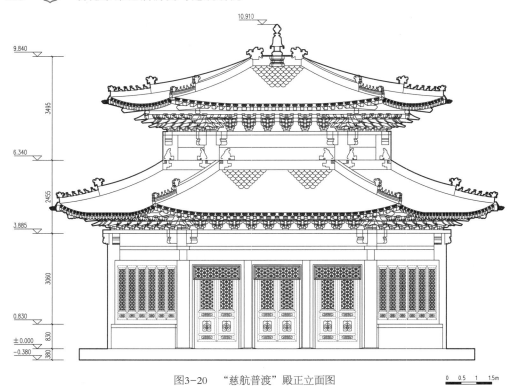

图3-20　"慈航普渡"殿正立面图

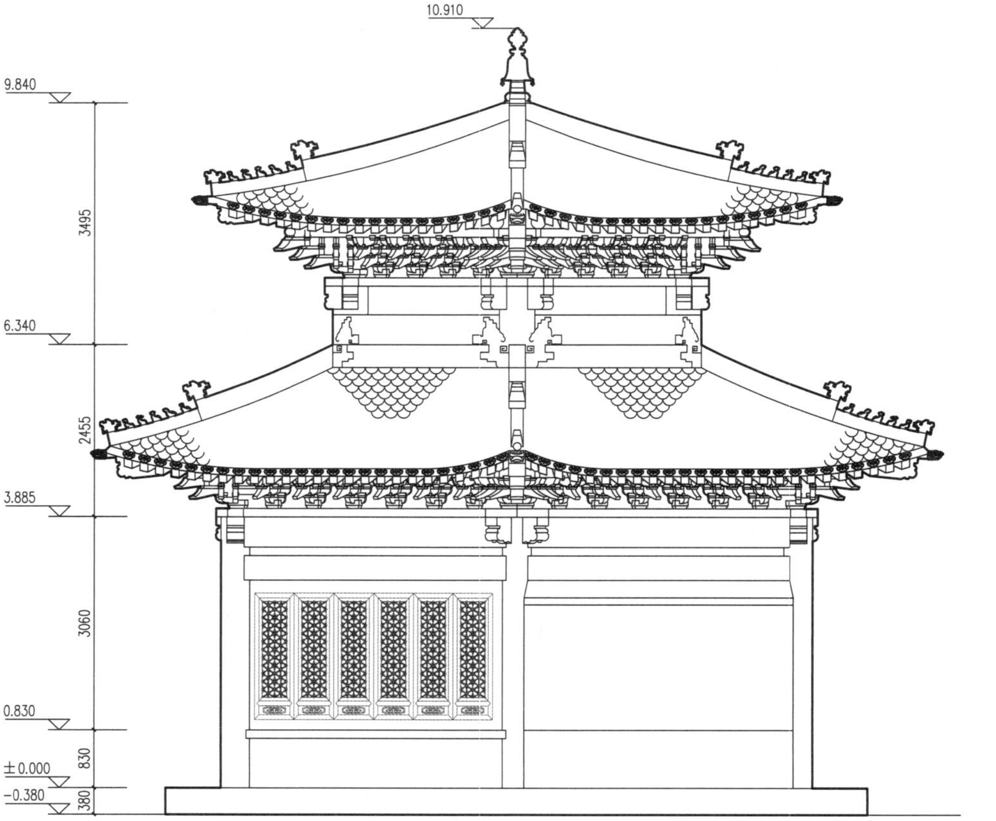

0 0.5 1 1.5m

图3-21　"慈航普渡"殿侧立面图

0 0.5 1 1.5m

（三）普陀宗乘之庙金瓦顶建筑鎏金构件数量小考

1.关于记载金瓦顶建筑鎏金铜质构件工程耗费的历史档案

关于普庙"万法归一"殿、"权衡三界"殿、"慈航普渡"殿三座金瓦建筑所用金瓦的详细情况，《清宫热河档案》中《内务府总管三和等奏销布达拉庙工程用过金叶铜斤等项数目折》[①]一档，进行了详细的记述。档案具体内容如下：

（乾隆三十七年五月）二十三日，奴才三和、英廉、刘浩谨奏，为奏销金叶铜斤工料银两事。据郎中金辉等呈称，今为成造热河布达拉庙瓦红铜台板、镀金鱼鳞瓦片、汉文式夔龙花纹脊料、顶钟，四方亭、六方亭、八方亭计三座，今已告竣。共计长九寸，折宽四寸五分鱼鳞瓦一万六千二百二十片；长六寸，折宽三寸鱼鳞瓦一万六千六百八十四片。围宽三尺五寸，脊料一百三十六段；围宽二尺四寸，脊料五十六段；围宽二尺八寸五分，脊料一百八十二段；围宽二尺一寸，脊料一百四十段。高一尺八寸，博脊十二段；高一尺五寸，博脊八十六段；高一尺六寸，博脊一百四十段。高九寸，狮马五十六件；高七寸，狮马一百四十件。如意滴水大小共计一千三百九十六件。大顶三座及角兽、垂兽、合角吻、满面黄、押条等项活计。经查核房人员至热河，按其坡身长宽尺寸，眼同丈量，按例共用镀金叶七千六百九十二两八钱四厘，除前经奏明，节省金七百六十九两二钱八分外，实用金六千九百二十三两五钱二分四厘，红铜条十一万五千八百九十六斤二两，买办杂料及匠夫工价按例用银五万八千一百七十九两九钱四分五厘。自京运送铜亭三座，雇觅抬夫、买办筐扛绳斤，按例用银四千九百八十八两七钱八分五厘。告验瓦片、脊料成砌、土牛木子、钉瓦铜瓦、衬垫油灰、脊料木胎等项实用匠夫工价物料银四千二百六十五两七分四厘。再所用金叶六千九百二十三两五钱二分四厘，每两得戥头四分，计戥金二百七十六两九钱四分，请交造办处库以备别项活计应用。今将用过钱粮细数造册报销等语。奴才等复核无异，所有用过金叶、铜斤、工料、银两、煤炭、木柴、水银等项细数另缮黄册三本，恭呈御览。

为此谨奏等因，缮写折片于二十三日交总管太监桂元等转奏。本日奉旨，知道了。钦此。

此档对普庙三座金瓦殿所用过的金叶、铜斤、工料、工费等情况作了详细的统计。本文依据档案记载内容，整理列表如下（表3-3）：

---

① 中国第一历史档案馆、承德市文物局合编：《清宫热河档案》第2册，中国档案出版社，2003年，第490~491页。

表3-3　鎏金瓦件所用工料、工费表

瓦件构件名称	规格	数量	合计	所用铜斤	所用金叶	匠夫工价、物料银
鱼鳞铜瓦	长9寸，折宽4寸5分	16220片	32904片			
	长6寸，折宽3寸	16684片				
垂脊	宽3尺5寸	136段	514段			
	宽2尺4寸	56段				
	宽2尺8寸5分	182段				
	宽2尺1寸	140段				
博脊	高1尺8寸	12段	238段			
	高1尺5寸	86段				
	高1尺6寸	140段		115896.2斤	净用6646.584两	前后共用银67433.804两
跑兽	高9寸	56件	196件			
	高7寸	140件				
滴水	不详	1396件	1396件			
宝顶	不详	3座				
角兽	不详	不详				
垂兽	不详	不详				
满面黄	不详	不详				
合角吻	不详	不详				
押条	不详	不详				

2.关于普陀宗乘之庙金瓦顶建筑鎏金铜质构件的现场勘察统计

关于上文档案中所提及的关于用过金叶、铜斤、工料、工费煤炭、木柴、水银等项的三本黄册，笔者并未查到，但可以推测这三本黄册应该是按照单体建筑分册进行记载的，即每座金瓦建筑承报奏销黄册一册。为弥补这一缺憾，借2013年开始的普庙维修之机，对三座金瓦建筑所用的鎏金瓦件，按照建筑分类进行了现场勘察统计，现整理列表如下（表3-4）：

表3-4 "万法归一"殿、"权衡三界"殿、"慈航普渡"殿金瓦构件一览表

金瓦建筑	序号	名称	部位		合计
			上檐数量	下檐数量	
万法归一殿	1	四联鱼鳞铜瓦	644×4＝2576件	335×4＝1340件	3916件
	2	三联鱼鳞铜瓦	35×4＝140件	40×4＝160件	300件
	3	如意滴水	71×4＝284件	81×4＝324件	608件
	4	脊部两侧异形鱼鳞铜瓦	58×4＝232件	54×4＝216件	448件
	5	宝顶	1堂		1堂
	6	寿纹围脊	1×4＝4件	1×4＝4件	8件
	7	夔龙纹围脊	2×4＝8件	36×4＝144件	152件
	8	合角吻	2×4＝8件	2×4＝8件	16件
	9	垂脊	38×4＝152件	14×4＝56件	208件
	10	角兽（前垂兽）	1×4＝4件	1×4＝4件	8件
	11	垂兽	1×4＝4件	1×4＝4件	8件
	12	螳螂勾头	1×4＝4件	1×4＝4件	8件
	13	套兽	1×4＝4件	1×4＝4件	8件
	14	风铎	1×4＝4件	1×4＝4件	8件
	15	跑兽	7×4＝28件	7×4＝28件	56件
	16	排水槽	博脊下部：1.7×4＝6.8米	博脊下部：17×4＝68米	74.8米
			垂脊两侧：14.8×2×4＝118.4米	垂脊两侧：5×2×4＝40米	158.4米
	17	檐部排水槽处滴子	2×4＝8件	2×4＝8件	16件
	18	围脊满面		18×4＝72米	72米

续表

金瓦建筑	序号	名称	部位		合计
			上檐数量	下檐数量	
	1	四联鱼鳞铜瓦	124×8＝992件	143×8＝1144件	2136件
	2	三联鱼鳞铜瓦	11×8＝88件	14×8＝112件	200件
	3	如意滴水	21×8＝168件	27×8＝216件	384件
	4	脊部两侧异形鱼鳞铜瓦	36×8＝288件	28×8＝224件	512件
	5	宝顶	1堂		1堂
	6	寿纹围脊		1×8＝8件	8件
	7	夔龙纹围脊	1×8＝8件	6×8＝48件	56件
	8	合角吻		2×8＝16件	16件
权衡三界殿	9	垂脊	16×8＝128件	11×8＝88件	216件
	10	角兽（前垂兽）	1×8＝8件	1×8＝8件	16件
	11	垂兽	1×8＝8件	1×8＝8件	16件
	12	螳螂勾头	1×8＝8件	1×8＝8件	16件
	13	套兽	1×8＝8件	1×8＝8件	16件
	14	风铎	1×8＝8件	1×8＝8件	16件
	15	跑兽	5×8＝40件	5×8＝40件	80件
	16	排水槽	博脊下部：0.5×8＝4米	博脊下部：2.8×8＝22.4米	26.4米
			垂脊两侧：5.3×2×8＝84.8米	垂脊两侧：3.7×2×8＝59.2米	144米
	17	檐部排水槽处滴子	2×8＝16件	2×8＝16件	32件
	18	围脊满面		3.2×8＝25.6米	25.6米

续表

金瓦建筑	序号	名称	部位		合计
			上檐数量	下檐数量	
慈航普渡殿	1	四联鱼鳞铜瓦	$100 \times 4 + 179 \times 2 = 758$件	$166 \times 4 + 233 \times 2 = 1130$件	1888件
	2	三联鱼鳞铜瓦	$12 \times 4 + 16 \times 2 = 80$件	$16 \times 4 + 21 \times 2 = 106$件	186件
	3	如意滴水	$24 \times 4 + 32 \times 2 = 160$件	$33 \times 4 + 42 \times 2 = 216$件	376件
	4	脊部两侧异形鱼鳞铜瓦	$28 \times 4 + 29 \times 2 = 170$件	$40 \times 4 + 34 \times 2 = 228$件	398件
	5	宝顶	1堂		1堂
	6	寿纹围脊		$1 \times 6 = 6$件	6件
	7	夔龙纹围脊		$6 \times 4 + 10 \times 2 = 44$件	44件
	8	合角吻		$2 \times 6 = 12$件	12件
	9	垂脊（包括正脊）	$15 \times 6 + 6$（正脊）$= 96$件	$11 \times 6 = 66$件	162件
	10	正吻	2件		2件
	11	角兽（前垂兽）	$1 \times 6 = 6$件	$1 \times 6 = 6$件	12件
	12	垂兽	$1 \times 6 = 6$件	$1 \times 6 = 6$件	12件
	13	螳螂勾头	$1 \times 6 = 6$件	$1 \times 6 = 6$件	12件
	14	套兽	$1 \times 6 = 6$件	$1 \times 6 = 6$件	12件
	15	风铎	6件	$1 \times 6 = 6$件	12件
	16	跑兽	$5 \times 6 = 30$件	$5 \times 6 = 30$件	60件
	17	排水槽	正脊两侧：$3.2 \times 2 = 6.4$米	博脊下部：$2.8 \times 4 + 4.4 \times 2 = 20$米	26.4米
			垂脊两侧：$4.8 \times 2 \times 6 = 57.6$米	垂脊两侧：$3.8 \times 2 \times 6 = 45.6$米	103.2米
	18	檐部排水槽处滴子	$2 \times 6 = 12$件	$2 \times 6 = 12$件	24件
	19	围脊满面		$3 \times 4 + 5 \times 2 = 22$米	22米

3.普陀宗乘之庙金瓦顶建筑鎏金铜质构件数量分析

结合上表统计，对《清宫热河档案》中所涉及的金瓦构件，按照其所在的具体位置再次进行详细统计，如下表（表3-5）：

表3-5　"万法归一"殿、"权衡三界"殿、"慈航普渡"殿部分金瓦构件统计表

建筑名称	构件名称	部位	数量统计过程	小计	合计
万法归一殿	垂脊脊筒	角兽下方	1件×4条垂脊×2层	16件	208件
		垂兽下方	1件×4条垂脊×2层		
		跑兽下方	7件×4条垂脊×2层	56件	
		垂兽后部	上檐：29件×4条垂脊 下檐：5件×4条垂脊	136件	
	围脊	上檐	3件×4边	12件	160件
		下檐	37件×4边	148件	
	滴水	上檐	71件×4边	284件	608件
		下檐	81件×4边	324件	
	跑兽	上檐	7件×4条垂脊	28件	56件
		下檐	7件×4条垂脊	28件	
权衡三界殿	垂脊脊筒	角兽下方	1件×8条垂脊×2层	32件	216件
		垂兽下方	1件×8条垂脊×2层		
		跑兽下方	5件×8条垂脊×2层	80件	
		垂兽后部	上檐：9件×8条垂脊 下檐：4件×8条垂脊	104件	
	围脊	上檐	1件×8边	64件	64件
		下檐	7件×8边		
	滴水	上檐	21件×8边	384件	384件
		下檐	27件×8边		
	跑兽	上檐	5件×8条垂脊	40件	80件
		下檐	5件×8条垂脊	40件	

建筑名称	构件名称	部位	数量统计过程	小计	合计
慈航普渡殿	脊筒	角兽下方	1件×6条垂脊×2层	24件	162件
		垂兽下方	1件×6条垂脊×2层		
		跑兽下方	5件×6条垂脊×2层	60件	
		垂兽后部	上檐：8件×6条垂脊	78件	
			下檐：4件×6条垂脊		
	围脊	正脊	6件		50件
		下檐	11件×2边	50件	
			7件×4边		
	滴水	上檐	24件×4边＋32件×2边	160件	376件
		下檐	33件×4边＋42件×2边	216件	
	跑兽	上檐	5件×6条垂脊	30件	60件
		下檐	5件×6条垂脊	30件	

　　将现场对瓦件数量及规格的勘察情况[1]与上文档案中所记述瓦件情况进行比对，可以得出如下结论：

　　档案资料所记述的"脊料"情况，是对三座金瓦顶建筑垂脊及正脊之上的鎏金脊筒尺寸、数量情况的记述。"围宽三尺五寸，脊料一百三十六段"的脊件指的是"万法归一"殿垂兽之后的鎏金夔龙纹脊筒，"围宽二尺四寸，脊料五十六段"的脊件指的是"万法归一"殿七件跑兽下边规格较小的鎏金夔龙纹脊筒，"围宽二尺八寸五分，脊料一百八十二段"的脊件指的是"权衡三界"和"慈航普渡"殿垂兽之后的鎏金夔龙纹脊筒，"围宽二尺一寸，脊料一百四十段"的脊件指的是"权衡三界"殿和"慈航普渡"殿五件跑兽下边的鎏金夔龙纹脊筒。[2]

　　档案资料中关于"博脊"的情况，应该是对三座金瓦顶建筑围脊部位鎏金脊筒尺寸、数量情况的记述。"高一尺八寸，博脊十二段"的脊件指的是"万法归一"殿上层檐顶部的围脊。"高一尺五寸，博脊八十六段"的脊件指的是"权衡三界"殿上檐和下檐、"慈

---

① 由于现场勘测条件所限，未能对三座金瓦顶建筑的鎏金铜质构件的规格尺寸进行详细的测量，但通过现场勘察可知，"权衡三界"殿和"慈航普渡"殿的鎏金铜质构件的规格尺寸相同，且明显小于"万法归一"殿。

② 经现场勘察，三座金瓦顶建筑脊部垂兽之后的脊筒规格均明显大于跑兽之下的脊筒。

航普渡"殿下檐的围脊，档案记为86件，与实际勘测的114件相差28件。"权衡三界"殿下檐合角吻下叠压围脊脊件16件，"慈航普渡"殿下檐合角吻下叠压围脊脊件12件，共计28件，故在此推断档案中所谓的86件，并没有包括两座建筑合角吻下边叠压的28件围脊脊件，这28件脊件由于是叠压在合角吻下边，隐蔽不露明，或许档案中将其归类于合角吻构件中去了。"高一尺六寸，博脊一百四十段"的脊件指的是"万法归一"殿下檐的围脊，档案记为140件，与实际勘测的148件相差8件，原因同上，即档案中的脊件数量未将下檐合角吻下部叠压的8件围脊脊件包含在内。[①]

　　档案资料中记载"如意滴水大小共计一千三百九十六件"，而经实际勘测三座金瓦建筑的滴水一共为1368件，与档案所记载的数量相差28件。查阅20世纪90年代三座金瓦殿维修时对鎏金构件的统计资料，发现对"万法归一"殿和"权衡三界"殿应有滴水的统计数量与现勘察的数量完全一致，仅"慈航普渡"殿应有滴水的统计数量与现勘察的数量有所出入。20世纪90年代维修资料中对"慈航普渡"殿应有滴水数量的统计情况为：上檐，$23 \times 4 + 31 \times 2 = 154$件，下檐，$33 \times 4 + 41 \times 2 = 214$件；现实际勘察滴水数量情况为：上檐，$24 \times 4 + 32 \times 2 = 160$件，下檐，$33 \times 4 + 42 \times 2 = 216$件[②]。由此可以判断，在20世纪90年代维修"慈航普渡"殿时，对上檐六坡和下檐南、北两坡各增加了1件滴水；20世纪90年代统计"慈航普渡"殿原有滴水的数量，应该为建筑原滴水数量。其原因如下：

　　其一，根据20世纪90年代统计"慈航普渡"殿应有滴水的数量情况来看，为"滴水坐中"排法，与"万法归一"殿、"权衡三界"殿滴水排法一致，而经现在对"慈航普渡"殿的勘察，仅下檐的四个小坡面为"滴水坐中"排法，其余8个坡面为"空当坐中"排法，滴水排法不一致，有维修改动之疑。

　　其二，如果按照20世纪90年代统计"慈航普渡"殿应有滴水的数量进行合计，三座金瓦建筑的滴水总数为1360件，与档案记载的1396件相差了36件。仔细观察三座金瓦建筑的金瓦构件，只有各建筑翼角部位两侧排水槽末端的小滴水和前垂兽之下的螳螂勾头具有滴水的排水功能，档案中的滴水数量是否将这两种构件的数量也包括在内？三座金瓦建筑翼角两侧排水槽末端的小滴水共计72件，与相差数量不符；小滴水在构建形式和功能上，虽与檐部滴水极其相近，但其与垂脊两侧的排水槽焊接在一块，将小滴水构件劈算于滴水，不合情理。故所缺的36件滴水不是建筑翼角部位两侧排水槽末端的小滴水。三座金瓦建筑共有36件螳螂勾头，与相差数量相符，且螳螂勾头与檐部滴水位于屋面同一结构位置，具有与滴水构件相同的排水功用（图3-22）。故在此推断《清宫热河档案》中记载的滴水数

---

① 经现场勘察，"万法归一"殿上层檐顶部围脊的规格明显大于下檐围脊；"万法归一"殿下檐围脊的规格明显大于"权衡三界"殿和"慈航普渡"殿。

② 资料来源于承德文物局资料室所提供的1987年"万法归一"殿维修档案资料。

图3-22　翼角部位的排水槽和螳螂勾头
（来源：自摄）

量除了包含三座金瓦建筑的滴水数量，还包括三座金瓦建筑的螳螂勾头数量。

　　综上所述，可以得出以下结论：第一，20世纪90年代维修时对"慈航普渡"殿滴水的原排法及滴水数量做了改动，对"万法归一"殿和"权衡三界"殿滴水原排法及数量未作改动，保留了原状；第二，《清宫热河档案》中记载的1396件大小滴水，指的是三座金瓦建筑的滴水和螳螂勾头；第三，20世纪90年代维修资料中关于三座金瓦建筑滴水的统计数量，与《清宫热河档案》中所记载的数量完全吻合，可见20世纪90年代维修资料的记载是准确的。根据以上论证，对三座金瓦建筑原有滴水情况列表如下（表3-6）：

　　档案中"高九寸，狮马五十六件"是指"万法归一"殿上的56件跑兽，"高七寸，狮马一百四十件"指的是"权衡三界"殿和"慈航普渡"殿两座建筑上的跑兽，其中"权衡三界"殿为80件，"慈航普渡"殿为60件。

　　档案中记载的鎏金鱼鳞铜瓦数量，是通过折合为两种具体尺寸进行统计的，很难与现今按照三联、四联、异形等金瓦样式规格统计的瓦件数量做出详细准确的核对，故在此不做核对。但对档案中所折合的两种金瓦规格尺寸，与现场勘测金瓦规格①进行比对，可

---

① 根据现场勘察，"万法归一"殿单联金瓦的规格为290mm×150mm，"权衡三界"殿和"慈航普渡"殿单联金瓦的规格为190mm×100mm，"万法归一"殿单联金瓦的规格明显大于"权衡三界"殿和"慈航普渡"殿。

表3-6　"万法归一"殿、"权衡三界"殿、"慈航普渡"殿原有滴水统计表

建筑	构件名称	具体位置	数量	小计	合计
"万法归一"殿	滴水	上檐	284件	608件	1396件
		下檐	324件		
	螳螂勾头	上檐	4件	8件	
		下檐	4件		
"权衡三界"殿	滴水	上檐	168件	384件	
		下檐	216件		
	螳螂勾头	上檐	8件	16件	
		下檐	8件		
"慈航普渡"殿	滴水	上檐	154件	368件	
		下檐	214件		
	螳螂勾头	上檐	6件	12件	
		下檐	6件		

以得知"计长九寸，折宽四寸五分鱼鳞瓦一万六千二百二十片"应该是对"万法归一"殿鱼鳞金瓦的统计，"长九寸，折宽四寸五分"指的是"万法归一殿"单联鱼鳞金瓦片的尺寸；"长六寸，折宽三寸鱼鳞瓦一万六千六百八十四片"应该是对"权衡三界"殿和"慈航普渡"殿两座建筑鱼鳞金瓦的统计，"长六寸，折宽三寸"指的是"权衡三界"殿和"慈航普渡"殿两座建筑单联鱼鳞金瓦片的尺寸。

（四）金瓦屋面初建之时的工程问题

清朝中央政府对普庙三座金瓦建筑所用的鎏金瓦件的铸造、鎏金工艺以及屋面宽瓦施工工艺有着严格的要求，在普庙肇建之时，曾出现过两次严重的工程问题。一次是普庙所用鎏金瓦件出现瓦面"泛水银、焊口不齐、净面不平、金色不匀及磨损"等问题，另一次是"万法归一"殿"所瓦金瓦之压条，有做失高低不平，下面用木塞垫，饰以金色，及瓦片金色不一"等问题。《清宫热河档案》中《内务府总管三和等奏报布达拉庙工需用镀金铜瓦成色不齐已饬工程监督等留心查察折》、《总管内务府奏请议处办理布达拉庙工草率

致使金瓦高低不平颜色不齐之员三格等人折》^①两档对普庙鎏金瓦件质量不合格、金瓦瓦面宽瓦施工操作不当的两次重要工程问题及具体的解决处理情况进行了详细的记述。本文现对两档资料进行详细的整理，将尘封了240多年的普庙金瓦工程问题在此予以呈现：

《内务府总管三和等奏报布达拉庙工需用镀金铜瓦成色不齐已饬工程监督等留心查察折》

乾隆三十六年六月十三日

奴才三和、和尔经额、永和谨奏，为遵旨详勘具奏事：

本月十一日接奉军机处寄到廷寄一件，奉上谕，据福康安奏，查看得布达喇庙工需用镀金铜瓦各种共四千九百余件，内堪用者共三千一百八十余件，其泛水银、焊口不齐、净面不平、金色不匀及磨损应收拾者共一千七百四十余件，现交承办之员即速收拾完整，交工应用。其尚未送到热河之铜瓦各项共三千二百余件，请交三和、和尔经额等续行查验，择其堪用者留工，其有泛色不匀等项仍捡出交该经手之员另行收拾备用等语。此项铜瓦系特派专员承办，理宜加意监看成造，何以泛色不匀者竟多至三分之一？该承办之员所司何事，自应着落修整，如式交工备用，但件数甚多，恐承办之员计图省事，仍将不堪用之件充数交工，而管工各员又复瞻狥情面，率行收存盖造，希图朦混。此皆内务府官员积习所不免。着传谕三和、和尔经额、永和等，将庙工需用铜瓦逐一详细验勘，务择其堪用者克期盖瓦。其有泛色不匀等项，经驳交该承办之员收拾及续经送到，各件并须验勘明确，择其一律完整者收用施工。倘敢狥情滥收，不行详慎甄选，将来盖造竣工后，如有金色不匀等事，即系三和等收验不实之故，惟于三和等是问。若工员等心存混饰，将纯净之瓦用于正面及明显处所，而以不匀、不齐之件用于后坡僻地，希冀藏抑。落成之后，朕又何难前后阅看？倘有混匿之处，岂能逃朕之洞鉴乎？且从来成做工程，朕并未尝有意搜求，而一经朕览，其破绽自不能掩，此乃三和、和尔经额所深知者，可不倍加儆惕乎？若三和自计年齿已老，混过数年可幸无事，此殊不然。日后设有弊混发觉之事，纵彼及身幸免，独不可将伊子孙着陪治罪乎？三和等务各自猛醒，毋代人受过，将此严切传谕知之。福康安原折及清单并寄阅看。钦此。

并寄到福康安原奏一件，清单一件。奴才等捧读之下，不胜钦佩之至。伏查此项铜瓦，因系紧要工作，特派专员管理。乃仍有泛色不齐之件，实属办理不善。今蒙皇上钦派福康安一一查明，复奉上谕明切教导，奴才等惟有钦遵圣训，倍加儆惕，详慎办理。今查到工镀金铜瓦当，福康安查明内有泛水银、焊口不齐、净面不平、金色不匀及磨损应收拾

---

① 中国第一历史档案馆、承德市文物局合编：《清宫热河档案》第2册，中国档案出版社，2003年，第342~344页、394~396页。

者一千七百四十余件，彼时奴才和尔经额、永和公同验明，现有承办监督郎中佛宁在工，带有匠役三十余名即时督令加意、另行妥协收拾外，其余未到工铜瓦各项共三千二百余件，现在严行催运，一俟到工，奴才三和、和尔经额、永和眼同逐细验勘，详加甄选。如有泛色不匀等件，全数拣出，俱着落该承办之员好好收拾。但应行收拾者件数甚多，如俟其收拾全完始行验勘盖瓦，设其中仍有未妥之件，临时驳办，未免耽延工作。今奴才等率在工员外郎额尔金布、副参领常昇，每日轮流亲身督率承办监督等，务令加意敬谨收拾，随得随验。如仍稍有不妥之件，立刻驳令收拾完整，即行运工盖瓦。如此庶该员等不得仍前草率，而匠役等亦不敢朦胧弊混，更能速竣盖瓦应手。今在工匠役为数较少，且尚有未到工之承办监督郎中额尔登布、员外郎连城成文，奴才等已寄信到京，传令该员等多带匠役及应用材料速行赴工，分行妥办，务使逐件纯净，盖瓦宏整，并留心查察。倘敢从中混饰滋弊，一经查出，奴才等即将该员等据实严参，从重料理。奴才等断不敢稍为容隐，自取罪戾。

至福康安所奏，如何至于泛水银、金色不匀造做草率之处交工程大臣等查明办理等因。应俟将所有铜瓦等件全数抵工，并承办官员到齐，奴才等详细确查究询明白，再行参奏。为此谨奏。

知道了。乾隆三十六年六月十三日（乾隆帝御笔）

《总管内务府奏请议处办理布达拉庙工草率致使金瓦高低不平颜色不齐之员三格等人折》

九月初一日，总管内务府谨奏，为查议具奏事。据总管内务府大臣和硕额驸、忠勇公福隆安等奏称，遵旨查得布达拉庙内四方亭所瓦金瓦之压条，有做失高低不平，下面用木塞垫，饰以金色，及瓦片金色不一之处。询问承办各员，据称压条高低不平，有用木帮垫，盖以金色，实因赶办，原想皇上看过之后，再行将苫背一律均平，详细改做。至金瓦颜色不一，经雨水冲污，所有此等情节职等俱经回明监工大人等语。（臣）等遂质询三和、和尔经额，据称属实，因圣驾甫临，未敢遽行奏闻，俟皇上查询时，再将伊等所禀情节另行具奏等语。查安置压条如有不平之处，理宜妥协办理，即或赶办不及，亦应将此情由明白具奏，再行设法办理，不应草率安置，以致高低不平。及金瓦被水冲污，以致金色不一之处，虽经回明监工大臣，而草率之咎，究所难辞。将承办瓦金瓦之喜顺、镀金瓦佛宁、额尔登布、连城，成交苫背之常德、喜盛，请旨交内务府大臣严加治罪。三和、和尔经额未将此情由先行奏明，一任司员处置，亦属不合，亦应交部察议。

再查永和、三格、萨哈亮俱系在工监办之员，乃毫无筹画指示，亦应交该管大臣一并议处，其所裁金瓦边角，实因接缝不合，有碍钉联，并非无故妄接合。并声明至金辉系承办金瓦胎骨，并非承办瓦瓦之员，及见压条高低不平，随向三和回明，而瓦瓦镀金草率不妥等情，似不与其事，应毋庸置议等因具奏。于乾隆三十六年七月二十八日奉旨，金辉所办铜瓦如系伊率意成造，不堪适用，自当治金辉之罪。今金辉既系询明匠役，按照尺寸制造，其接缝参差乃因苫背未平，迁就瓦瓦所致，且金辉到工即查出不相合符之，故回明三和、和尔经额，是金辉于此事并无错误，无可加罪。三和等当瓦瓦时即未悉心妥办，至金辉告知缘由，仍欲朦混了事。及朕阅工面询，尚将各种情节隐饰不奏，转以为金辉办瓦不合，希图卸责，伊等俱系该管大员，辄思诿过，司官习气殊属不堪，三和、和尔经额俱着交内务府大臣议处，仍将所瓦铜瓦速行拆去，即着令三和、和尔经额赔修，其佛宁等四员着从宽，免其治罪，余依议。朕办事一秉至公，凡臣工功罪所在，悉惟核实，从不容稍涉朦混，致人屈抑。而臣下作伪取巧伎俩，亦难逃朕之洞鉴，将此并谕伊等知之，钦此。

钦遵（臣）等查三和、和尔经额系管理工程大员，当瓦瓦时既未能悉心妥办，而于金辉声明时，乃欲朦混了事，又不据实奏闻，及至圣驾阅工面询，尚将各种情节隐饰不奏，转以为金辉办瓦不合，希图卸责诿过司官，实属不合。查律载，文武职官有犯应奏请而不奏请者杖一百，有所规避从重，谕规避例应革职等语。应将总管内务府大臣三和、副都统和尔金额均照应奏请而不奏请、有所规避例，革职。再查三和、和尔经额俱系革职留任之员，自应革任。员外郎喜顺系承瓦四方亭金瓦之人，并不留心如式安瓦，率意迁就，将金瓦裁边截角瓦盖，不平复用木帮垫，饰以金色。又因瓦片经雨擦磨致损金色。虽经回明管工大臣，而草率办理之咎，甚属不合。若仅照不应重律杖八十，系官降二级留任，无足示惩，应将员外郎喜顺实降二级调用，虽有级纪，不准抵消。苑丞常德等系专管苫背之人，并不妥协办理，草率从事，以致所苫之背不能一律匀平，均属不应，应将苑丞常德、苑副喜盛均照不应重律，各杖八十。常德系官降二级留任，喜盛身有捐纳州同六品职，其苑副系食钱粮之职，无级可降，相应折罚钱粮二年。永和、三格、萨哈亮均系在工监办之人，乃始初毫无筹画，继而苫背瓦瓦不妥，又无指示改正，一味始容瞻徇，咎实难逭。应将永和、三格、萨哈亮均照狗庇例，各降三级调用。查三格业于别案治罪，无庸议外，其永和、萨哈亮均系革职效力之人，应将降三级之处，照例注册可也。为此谨奏请旨等因缮折。镶白旗汉军都统、总管内务府大臣革职留任四格，经筵讲官、户部左侍郎、管理三库事务、总管内务府大臣降一级留任，又降二级留任，又降三级留任英廉，吏部左侍郎、镶黄旗满洲副都统、兼办总管内务府大臣事务、兼管上驷院事务、公中佐领迈拉逊，总管内务府大臣、兼管圆明园事务留浩，交与奏事郎中百龄转奏。

奉旨，三和、和尔经额从宽留任，余依议。钦此。

二、琉璃瓦顶建筑

（一）汉、藏建筑形制相互结合的琉璃瓦顶建筑

普庙中汉、藏建筑风格相结合的琉璃瓦顶建筑共有7座。分为两种类型，一类是城台式建筑，如南正门、东边门、西边门；另外一类是带有院落的城台式建筑，如中院东白台殿、后院东白台殿、钟楼、后院西7号白台楼。本文在此仅对具有代表性的南正门、中院东白台殿两座琉璃瓦顶建筑进行详细介绍和分析。

1.南正门

（1）南正门建筑形制概况

南正门为普庙正门，坐北朝南，主要由城台和门楼两部分组成（图3-23~图3-27、图3-72）。城台为毛石砌筑台基，正、背立面均为连三礓磋台阶。城台开三道拱门，立面横列一排条砖砌筑窗框、窗心刷红浆的藏式梯形盲窗；正中拱门上面嵌乾隆皇帝御笔"普陀宗乘之庙"的满汉蒙藏四体文字石匾。城台檐部为条石拔檐，台体上部外圈为条砖淌白砌筑的垛口墙，里圈为女墙，女墙下部为条砖干摆下碱，中部为刷红浆墙身，上部为条砖兀脊顶的墙帽。城台内侧东西置条石踏跺蹬道，条石垂带上加护身墙，形制同女墙。城台上门楼殿面阔五间，进深一间，周围廊；单檐庑殿顶，黄琉璃绿剪边瓦面，翼角檐口冲出330毫米，翘起710毫米，与清代官式建筑法式差别较大。前后檐的明、次间施格扇，东西稍间施槛窗，两山以墙体封护，条石台基，方砖地面。梁架为五架梁，下施随梁枋，五架梁上用柁橔承三架梁，三架梁上立方形脊瓜柱，脊檩、上金檩均为檩垫枋三件；稍间用顺趴梁，上承角梁，角梁插入次间脊瓜柱；廊柱与金柱间用穿插枋，廊柱用梅花柱，廊柱间用上下两层额枋，额枋中间为透雕花板，额枋上承檐椽；金柱间用上下两层额枋，额枋间用垫板，未用平板枋，大额枋上用三踩斗栱；上架大木饰墨线大点金旋子彩画。殿内从左至右供四面护法神、章古鲁蓬护法神、大黑天玛哈戛拉护法神三尊木雕漆饰彩绘护法神像。

（2）南正门建筑形制特点

东、西边门也由上下两部分组成，下部为开一道拱门、墙身装饰藏式盲窗的城台，上部为面阔三间、进深一间的黄琉璃绿剪边的庑殿顶建筑，在建筑整体形制方面与南正门几近相似。但南正门作为普庙的正门，与东、西边门相比，有其独特之处。

其一，南正门城台为三个券门，而东、西边门为一个券门。《释氏要览》曰："凡寺院有开三门者，只有一门亦呼为三门者何也？《佛地论》云：'大宫殿，三解脱门为所入处。'大宫殿喻法空涅槃也，三解脱门谓空门、无相门、无作门。今寺院是持戒修道、求

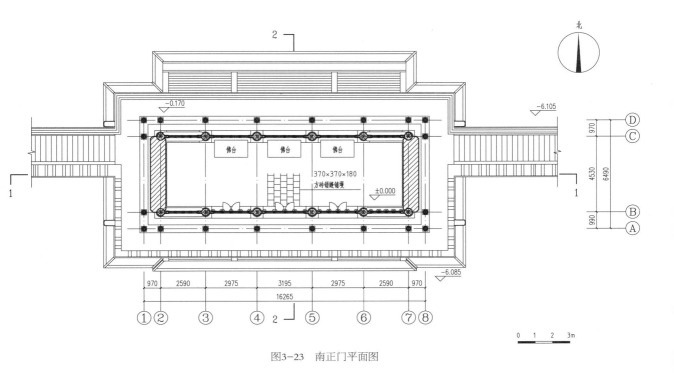

图3-23　南正门平面图

至涅槃人居之，故由三门入也。"[1]南正门开三个券门，暗喻了南正门为通往涅槃之境的入口，通过建筑形式表达了特定的佛教义理。

其二，南正门城台顶部建筑为面阔五间、进深一间、周圈带廊，东、西边门为面阔三间、进深一间。从建筑体量上来讲，南正门更为宏大一些。

其三，南正门、东边门、西边门城台上的建筑均为庑殿顶建筑，屋面为黄琉璃绿剪边瓦面，不同的是：一，东、西边门屋面脊部均为传统琉璃脊式，而南正门屋面为卷草纹花脊，垂兽和吻兽与"万法归一"殿上的鎏金垂兽、合角围吻的样式相似，具有藏式建筑中已本土化的摩羯垂兽和吻兽的特征。二，南正门正脊的中部施用了宝顶。宝顶由三部分组成，第一部分为底座。底座下部为圆筒状，筒身饰有绿琉璃如意纹环抱黄琉璃圆形火焰的纹饰，与紧邻宝顶两侧的龙形正脊脊饰完美结合，形成二龙捧珠之势；底座上部为带联珠式的正覆莲花座，用以承托宝顶中部构件。底座的上下两部分完美结合，犹如一件装饰华丽的转经筒。第二部分为中间的宝瓶，器型为盘口，细长颈，溜肩，敛腹，底足外展。第三部分位于宝瓶之上部，主要由承露盘、仰月、圆光、火焰宝珠组成，为藏式佛塔十三相

① 河北禅学研究所：《佛学三书——翻译名义集·重订教乘法数·释氏要览》，全国图书馆文献缩微复制中心出版，1995年，第842页。

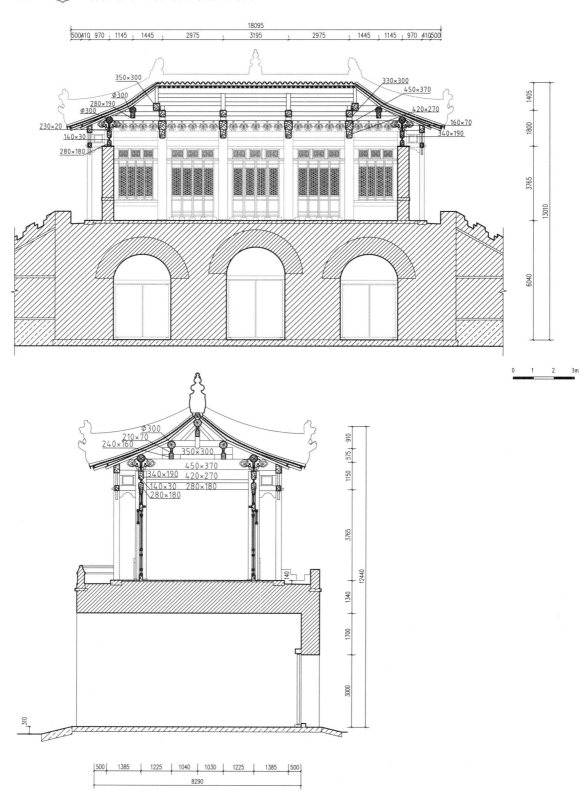

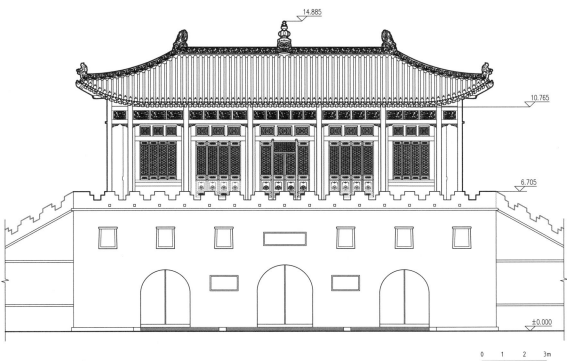

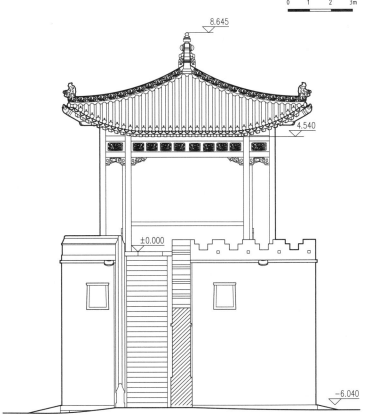

图3-24 | 图3-26
图3-25 | 图3-27

图3-24 南正门纵剖面图
图3-25 南正门横剖面图
图3-26 南正门正立面图
图3-27 南正门侧立面图

轮之上的刹顶样式。宝顶、垂兽、吻兽以及城台墙体周圈的藏式盲窗，与主体建筑完美结合，较东、西边门具有更为浓厚的藏式建筑风格。

2.中院东白台殿

中院东白台殿，为临近东边门的一座主要建筑，坐北朝南，主要由院落和屋殿两部分组成（图3-28~图3-32、图3-73）。

中院东白台殿院落呈曲尺形，其北侧为一座实心白台，用来承托台顶之上的屋殿建筑，另外也起到了作为北墙围合院落的功用；东、西、南三侧为围合院落的围墙，墙体厚达1.2米，在墙体顶面外侧施用厚约0.4米的女墙，内侧铺墁青砖，行人可以在墙体顶面走动。院落墙体内侧为素面青砖墙面，砖缝用青灰勾抹为平缝；墙体外侧抹白灰，装饰三层

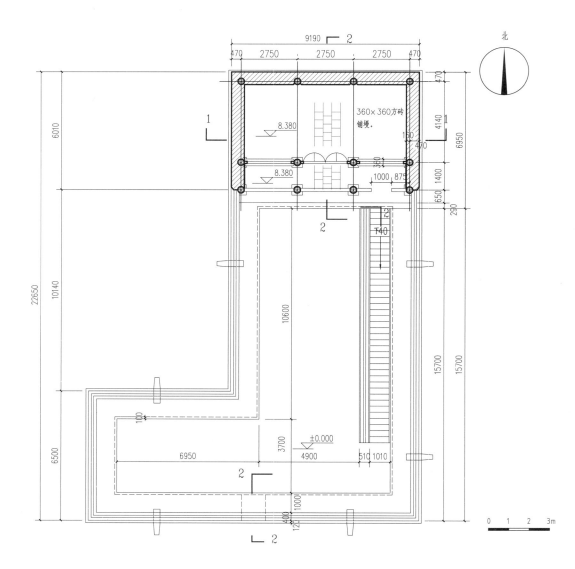

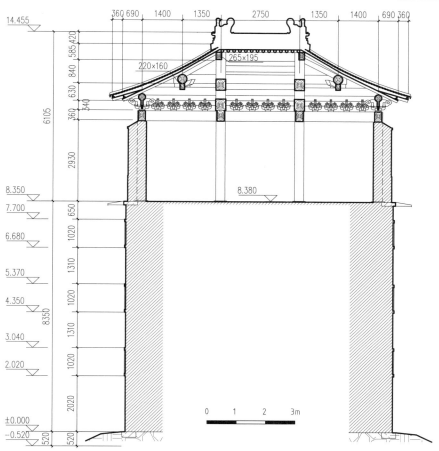

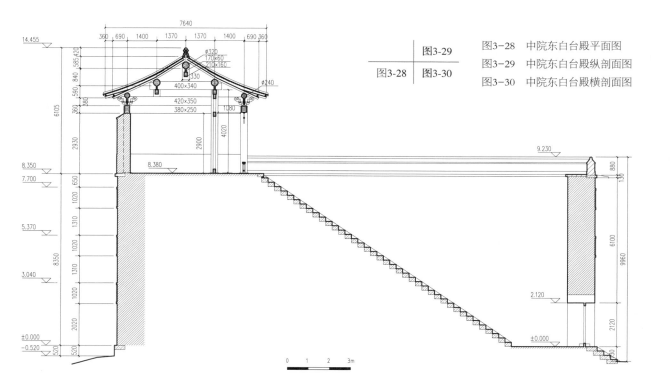

图3-28 中院东白台殿平面图

图3-29 中院东白台殿纵剖面图

图3-30 中院东白台殿横剖面图

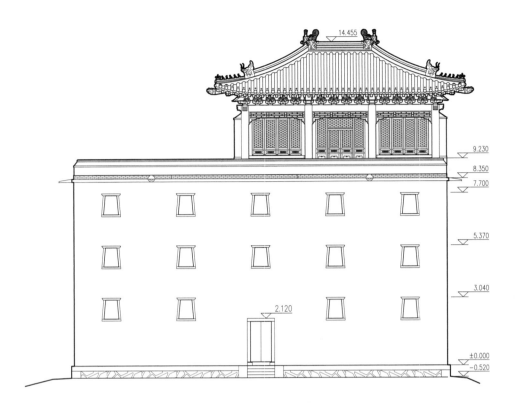

图3-31　中院东白台殿正立面图

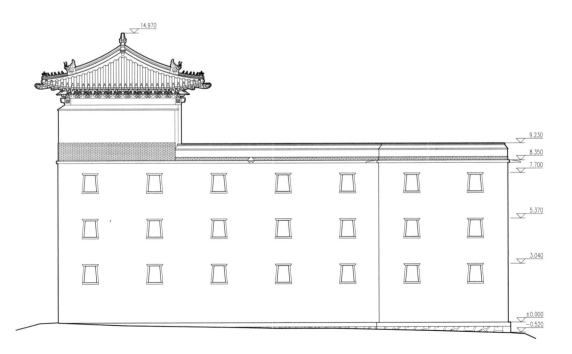

图3-32　中院东白台殿侧立面图

藏式红色盲窗。院内地面为条砖十字错缝糙墁，西南角处现存小型建筑基址，东北角为通往北侧实心台体顶面的马道。以上所述中院东白台殿的院落围墙特点也是普庙众多藏式白台建筑院落的共同特点。

屋殿建筑坐落于院落北侧的实心白台顶面，坐北朝南，为一座单檐庑殿顶建筑，面阔三间、进深一间，前出廊，方砖细墁地面。梁架用五架梁，下为随梁，前檐金柱为支顶柱，顶至五架梁随梁下皮；五架梁上用方形瓜柱，承三架梁，三架梁上立脊瓜柱承托脊檩；脊檩、上金檩均为檩垫枋三件；山面梁架用顺趴梁，上承角梁。屋面为绿琉璃黄剪边。明间装修为三交六椀菱花心屉六抹格扇门，次间为四抹槛窗，前廊额枋下用步步锦倒挂楣子和坐凳楣子，施墨线大点金旋子彩画。殿内原供奉佛像，现仅存佛像之下的石质须弥座。

（二）传统建筑形制为主的琉璃瓦顶建筑

1.碑阁

碑阁，又称碑楼，为前院的主体建筑，形式与明清两代陵寝中碑楼的样式相似，主要由台基和主体建筑两部分组成（图3-33~图3-38）。建筑台基平面呈正方形，长、宽均为17.25米，高0.4米，为鹦鹉岩勾栏须弥座，施用寻仗栏杆和云龙柱头，台基四面正中均施用9步垂带踏跺，经此可入碑阁内部。主体建筑为重檐黄琉璃屋面的歇山顶建筑，高约18.4米。面阔三间，进深三间，室内方砖细墁地面。周圈用厚达3.3米的封护墙，墙体下部为干摆下碱墙，上部为外刷朱红色的墙身，四面墙体中部各开一个砖券门。室内顶部不做天花，而是用砖拱券为顶。重檐梁架用七架梁，金柱间用上额枋、承椽枋连结，柱顶用平板枋，上施七踩斗栱，明间6攒，次间3攒。一层檐柱间用双额枋连结，柱顶用平板枋，上施五踩斗栱，明间6攒，次间4攒。建筑大木梁架施用彩画，现损坏脱落严重，规制样式不详。碑阁内立石碑3通：中为《御制普陀宗乘之庙碑记》碑，碑首高1.9米，碑身高4.32米，宽1.93米，碑座高1.45米，宽2.15米，主要记述了建庙的历史背景；东为《土尔扈特全部归顺记》碑，碑首高1.1米，碑身高2.93米，宽0.985米，碑座高1.44米，宽1.23米，主要记述了土尔扈特归顺过程；西为《优恤土尔扈特部众记》碑，碑的尺寸规格同《土尔扈特全部归顺记》碑，主要记述了清政府安置、赏赐土尔扈特部众的情况。

碑阁是普庙所有建筑中，唯一使用勾栏须弥座台基且屋面全部使用黄琉璃瓦件的一座建筑，其建筑规格之高及在普庙所有建筑中的重要地位不言而喻。

2.琉璃牌楼

琉璃牌楼为"三间四柱七楼式"的传统建筑，是普庙中院与后院之间一座重要的节点

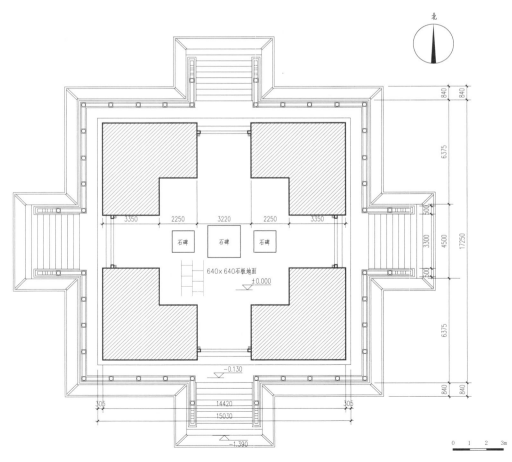

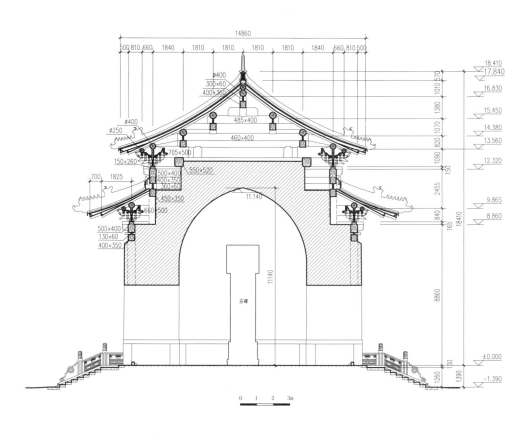

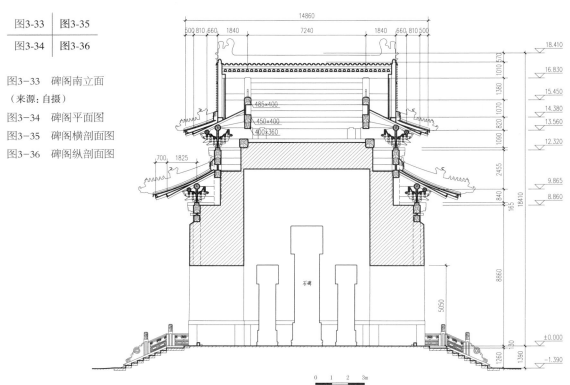

图3-33 | 图3-35
图3-34 | 图3-36

图3-33 碑阁南立面
（来源：自摄）
图3-34 碑阁平面图
图3-35 碑阁横剖面图
图3-36 碑阁纵剖面图

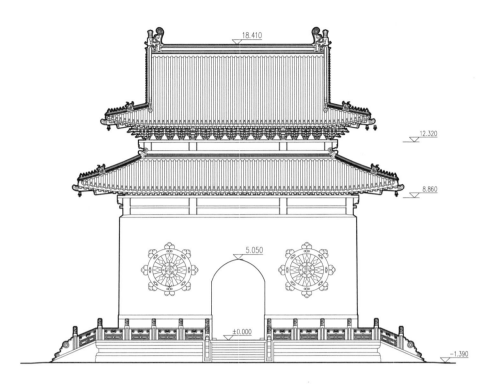

图3-37 碑阁正立面图

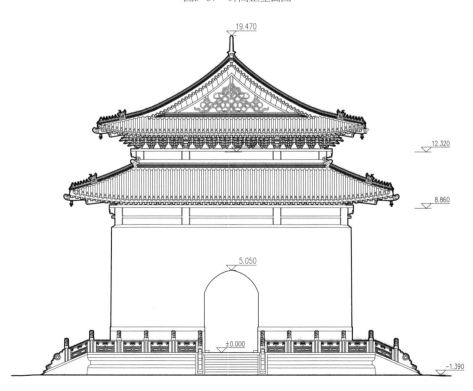

图3-38 碑阁侧立面图

图3-39　琉璃牌楼正立面

建筑（图3-39~图3-42）。

　　琉璃牌楼立于条石台基之上，南北均为连三礓磋台阶。台基前为条石砌筑月台，方砖十字错缝铺墁，南、东、西三面设带有护身墙的垂带踏步。明楼、次楼、边楼为黄琉璃歇山顶，夹楼为黄琉璃悬山顶，明楼用四攒五踩平身科斗栱，次楼用两攒，夹楼用两整攒加两个半攒平身科斗栱，边楼用半攒平身科斗栱。四柱、高拱柱、大小额枋、龙门枋、平板枋均为砖墙外贴绿底黄纹饰琉璃件，斗栱为绿琉璃栱件，角梁、紧挨角梁翼角三组椽飞为鹦鹉岩质。明楼前额为"普门应现"满汉蒙藏四体字匾，意为观音显现普渡众生之门，后额为"莲界庄严"，意为观音道场。次楼前后额嵌二龙戏珠图案。牌楼额枋下为砖砌墙身，抹灰刷红浆，石拱门券脸雕饰卷草纹，拱门下部为鹦鹉岩须弥座、夹杆石。

　　琉璃牌楼采用浮雕手法，在牌楼之上装饰了莲花、忍冬、宝相花、岔角云、缠枝、卷草、芭蕉树等大量精美浮雕图案，这些浮雕图案不仅起到了装饰的作用，而且有着丰富的宗教寓意。例如"莲花"为佛教中的圣洁之物，是吉祥、圣洁的象征；"忍冬"象征着对各种磨难的忍受；"宝相花"是把自然界各种花卉巧妙地结合于一体的花卉图案，是佛教教义中"佛法无边"、"包罗众相"、"普渡众生"的象征……另外次楼上装饰的两块雕刻极其精美的云龙琉璃匾，其上的"二龙戏珠"图案是神圣不可侵犯的封建皇权的象征。

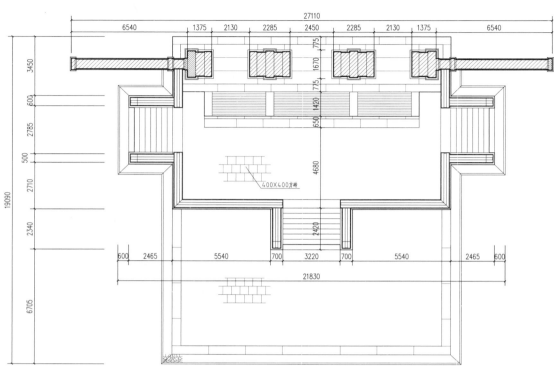

图3-40 琉璃牌楼平面图

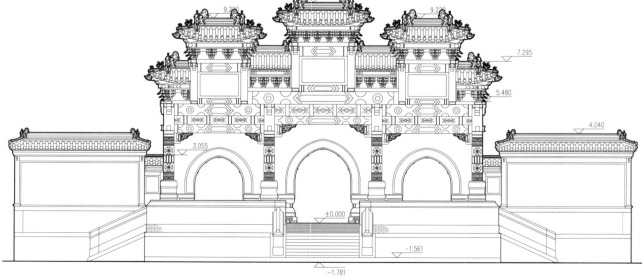

图3-41 琉璃牌楼正立面图

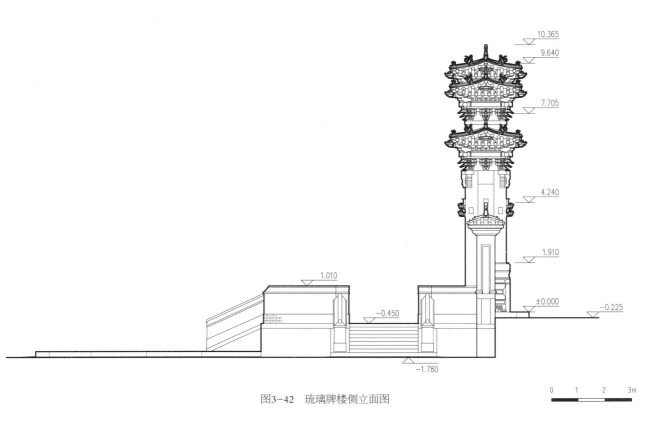

图3-42 琉璃牌楼侧立面图

0 1 2 3m

三、藏式白台建筑

普庙中藏式白台建筑众多，建筑布局及风格十分相似。故本文仅挑选历史资料相对丰富的"文殊圣境"殿作为介绍和研究对象。

"文殊圣境"殿，位于大红台下大白台东南角，主要由上部空心白台和下部实心白台基座两部分组成（图3-43、图3-44）。上部空心白台东西向宽16.42米，南北向深9.95米，墙厚0.68米。墙体顶部施用墙身刷红浆的女墙，女墙上施用琉璃佛八宝及角旗[①]；墙身为城砖糙砌，外墙面抹灰刷白浆，镶饰藏式红色盲窗，北立面墙体西侧开凸出于墙面的绿琉璃罩门，为进入台体内部的唯一入口，南侧墙体嵌"文殊圣境"满汉蒙藏四体字匾。台体内部原存建筑，现已塌毁损坏。根据现场勘察，院内建筑基址紧贴南侧墙体，故围墙内原存建筑为坐南朝北，朝向大红台，故而出现了外观为坐北朝南，而内部建筑坐南朝北，在北开门的特殊建筑格局。下部实心白台台基面阔、进深与上部空心白台基本一致，墙面抹灰

---

① "文殊圣境"殿女墙上琉璃佛八宝及角旗大部毁坏，现仅存琉璃须弥座。

图3-43　"文殊圣境"殿全景

（来源：自摄）

刷白浆，饰装盲窗和琉璃门罩。

　　"文殊圣境"殿是普庙众多藏式白台建筑中的一座，具备了普庙藏式白台建筑的主要建筑特征，诸如：墙体宏厚，上部施用带兀脊墙帽的红色女墙，用以代表藏式建筑中的"边玛草"墙；女墙上装饰琉璃佛八宝及角旗；台体白色墙身，装饰红色藏式梯形盲窗，形成鲜明的色彩对比，给人以庄重肃穆之感；台体四周高耸的墙体，对台体院内施建的小型建筑形成严密的围合，使得院内建筑不致影响到建筑整体上的藏式风格，诸如东罣殿、后院西2号白台楼等建筑，在院内建筑的两个山面砌筑类似于南方建筑中的"风火墙"的

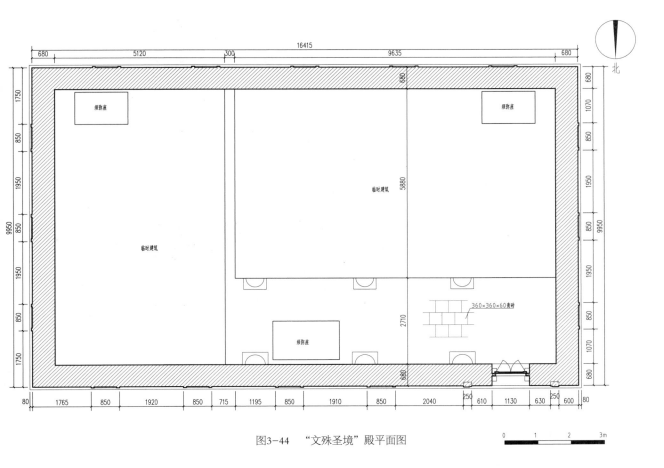

图3-44　"文殊圣境"殿平面图

红色女墙来遮挡白台院内建筑（图3-45），旨在通过高耸的台体外墙以及在台体内部建筑上补砌的女墙，最大程度的保持白台建筑的藏式风格。

"文殊圣境"殿，在《清宫热河档案》中又称"呀曼达噶楼"。"呀曼达噶"是藏传佛教的神名，即"大威德怖畏金刚"，清代文献中有时译写为"雅曼达噶"或者"威罗瓦金刚"。"文殊圣境"殿是专门祭祀护法神威罗瓦金刚的殿堂。威罗瓦金刚是文殊菩萨的化身，故又将供奉威罗瓦金刚的"呀曼达噶楼"命名为"文殊圣境"殿。

清代，由于受藏传佛教的影响，在皇家园林和寺庙中修建了大量的藏传佛教建筑，许多宗教建筑的建筑特点和内部陈设遵循了相同的模式，至目前发现有两种典型模式，一种是"六品佛楼"，另外一种就是"呀曼达噶楼"。据王家鹏先生《清皇家雅曼达噶神坛丛考》一文考证，清代雅曼达噶坛建筑有以下七处：紫禁城内梵宗楼、北海永安寺善因殿、雍和宫呀曼达噶楼、圆明园清净地呀曼达噶坛、圆明园舍卫城普福宫、承德安远庙呀曼达噶坛和普庙的"文殊圣境"殿，王家鹏先生对乾隆时期所建的七处皇家"呀曼达噶坛"的

图3-45 东罡殿风火墙

建筑特点、内部陈设以及这种典型佛堂模式进行了归纳和总结①。由于"文殊圣境"殿院内"呀曼达噶"建筑已毁，王家鹏先生是通过第一历史档案馆藏嘉庆十三年（1808）十二月《普庙佛像供器陈设等项清档》对普庙"文殊圣境"殿进行的考证。除此档案资料，《清宫热河档案》所载的乾隆年《陈设档》亦对"文殊圣境"殿的内部陈设进行了记载，与嘉庆十三年《陈设档》相比，更为详细地展示了殿堂的内部陈设。现引载如下：

文殊圣境殿一座内：西稍间面北供铜镀金文殊菩萨一尊（哈达一件），佛座上设青夔龙花白地磁双耳瓶一对（紫檀座）。硃金漆供案一张，上金漆西洋式龛一座，（内）磁佛一尊，铜镀金骑吼菩萨一尊（木金漆座），绿釉磁罐一对（紫檀座），银镀金镶嵌塔二座（紫檀座），金漆八宝一分，镶嵌金满达一件（镶嵌不全，紫檀座），绿油木胎五供一分（随灵烛铜屉），连三挂像佛一轴（随黄缎帘），单挂像佛十四轴（随黄缎帘），连二明角灯一对（宝盖吊挂不全）。门斗上贴墨刻填金七佛偈一张。明间面南供铜镀金呀曼达噶佛一尊（哈达一件，铜座上），小铜呀曼达噶佛一尊。硃漆供案一张，中设洋漆嵌玉龛一座，（内）玉佛一尊；左设紫檀西洋式龛一座，（内）玉佛一尊；右设紫檀嵌玉五塔龛一座，（内）玉佛一尊，木胎贴金八宝一分，中设铜塔一座（紫檀座），左设镀金镶嵌松石奔巴壶一件（紫檀座，外漆壶套，楠木座），右设催生石钵一件（有墨，漆盒楠木座）。

① 王家鹏：《清皇家雅曼达噶神坛丛考》，《中国紫禁城学会论文集（五辑下）》，紫禁城出版社，第724~754页。

镶嵌银螺蛳一对（内一件有惊璺，红漆座）。铜珐琅五供一分。左设红漆描金盒一个，（内盛）天鹅绒冠一顶。红漆描金箱一个（随铜锁匙一把），（内盛）黄纻绸绣金龙锦袍一件，石青缎绣金龙锦褂一件，鱼白春绸棉袄一件。珊瑚朝珠一盘，（随）青金石佛头塔，金镶罗子，背云上嵌小正珠六颗，红宝石坠角、三等东珠纪念，（随）蓝宝石坠角。瓦鞓带一副（随金镶碎松石四块，春绸飘带一副，随金镶碎松石飘带束一副）蓝缎堆花金线葫芦大荷包一对，随珊瑚云六个，珊瑚鹿角十六个。小荷包二个，（随）珊瑚豆一个，苗石豆一个。铜镀金嵌珐琅片火镰一把，绿子皮金片鞘花羊角把小刀一把，绿子皮金片牙签盒一件，盛鞓带朝珠盒二个，黄绸挖单四件。左设绿沙鱼皮珐琅鞍、鞧、辔、锦鞊一分，回子锦鞍笼一件，青布鞍罩一件，黄毡鞍笼一件。右设红漆描金盒一个，（内）盔冠一顶。红漆描金箱一个（随铜锁匙一把），（内盛）甲褂裙十件，青缎骻膀褂一件，黄绫绵甲衬大小十件，黄段面袖里夹挖单三件，单绸小挖单二件，黄缎绣金龙绵袍一件。右设弓架一座，（上挂）撒带一副，挑皮镶嵌腰刀一口。左右设熊、虎皮各二张（虫蛀），上缝皮签四件（四样字），（随）玻璃熊、虎眼珠八支。（硃漆架）妙德圆成匾一面，御笔字对一副。倭缎欢门三堂（随边幡十八首），连二明角灯二对（宝盖吊挂不全）。中设木柜一座，（上）铜珐琅塔一座，玻璃门（内）铜佛四尊。面北挂对一副，御笔字匾一面，铜迈达利佛一尊（随佛衣一件，飘带四条，计东珠十六颗），金银丝髻幡一对（计珠子三十颗，珊瑚一对，坠角宝石十个；珊瑚念珠一盘，计一百零八个，随青金石佛头四个，计念宝石三十个，背云宝石一个，镀金佛宝一个；椰子手珠一盘，珊瑚佛头四个，青白玉念珠十个，珊瑚记念十个），哈达一件。佛座上设五彩磁双环瓶一对（紫檀座）。硃金漆供案一张，（上）中设紫檀嵌铜珐琅龛一座，（内）青石佛一尊，左右设紫檀小方龛二座（内）铜佛二尊，银七珍一分，中设铜镀金塔一座（楠木座），左右设铜珐琅瓶一对（随铜花、紫檀座），铜珐琅香筒一对（紫檀座），洋磁五供一分（紫檀座，灵烛香、靠注香一分），单挂像佛十八轴（随黄缎帘），连二明角灯一对（宝盖吊挂不全，有破处）。东西门斗上挂墨刻七佛偈字斗二张。东稍间面北古铜释迦佛一尊（哈达一件），小铜释迦佛一尊。佛座上设葫芦式五福捧寿花黄地磁瓶一对（紫檀座），五彩磁双环直口瓶一对（紫檀座）。硃漆供案一张，（上）中设紫檀嵌铜亭式龛一座，（内）玉佛一尊，左右设铜镀金塔二座，（内）铜佛五尊，木胎贴金八宝一分，中供镶嵌银轮一件，左右镀金银塔二座（楠木座），五彩磁条环瓶一对（紫檀座），绿油木胎五供一分（随灵烛铜屉），连三挂像佛一轴（随黄缎帘），连二明角灯一对（宝盖吊挂不全），黄缎拜垫四分。[①]

另外，经现场勘察，现“文殊圣境”殿围墙之内空间虽已被临建建筑覆占，但仍可见

① 中国第一历史档案馆、承德市文物局合编：《清宫热河档案》第6册，中国档案出版社，2003年，第351~354页。

遗存的石质柱础。经现场测量，原存建筑每间面阔2.93米，进深2.71米，另外根据文献中所提及"稍间"陈设的记载，"文殊圣境"殿为一座面阔五间、进深三间的建筑，占满了台体围墙之内的所有空间，应大致不误①。另外在台体院内还发现三座鹦鹉岩质的须弥座式的神像台：一座位于紧邻北侧墙体的明间，面南陈放；另外两座分别位于紧邻南侧墙体的东稍间和西稍间，面北陈放。这与档案中"西稍间面北供铜镀金文殊菩萨一尊"、"明间面南供铜镀金呀曼达噶佛一尊"、"东稍间面北古铜释迦佛一尊"的记载相吻合。由此可见，现建筑虽毁，但须弥座神台的位置并未发生过移动和变化。明间须弥座规格为长2米，宽1.2米，高0.83米，略大于东、西稍间的须弥座规格，几近占据了建筑一间面阔，根据须弥座的规格、位置以及档案记载内容，可以推测明间的须弥座正是殿内供奉主神"呀曼达噶"的神台。

四、小品建筑

（一）塔

"佛像为身所依，佛经是语所依，佛塔是意所依。佛塔作为三所依之一，与佛像和佛经具有同等重要的位置。"②佛塔，是佛教建筑中最具宗教色彩的建筑。按照建筑材质及其所在位置，普庙中的佛塔可以分为两类，第一类为砖塔，位于白台台顶之上，诸如五塔门、东五塔白台、西五塔白台、单塔白台和三塔水门台体之上的塔；第二类为琉璃佛塔，位于大红台群楼和御座楼群楼的女墙上。从佛塔的整体建筑形式来讲，普庙中的佛塔均为覆钵式，但在各座佛塔的细节设计上，又各有特点。

1.五塔门

五塔门台顶之上的五塔，是普庙佛塔中最具特色的一组佛塔（表3-7）。佛塔主要由塔座、正覆莲花座、塔身、相轮、塔刹五个部分组成。五座佛塔在比例分割上几乎相同，但在塔的颜色、塔身造型、塔身上装饰的琉璃法器等方面存在较大的差异（图3-46、图3-47）。

---

① 乾隆三十六年（1771）《工程成数》及《钦定热河志》记载呀曼达噶楼均为"十八间"，杨煦在《热河普陀宗乘之庙乾隆朝建筑原状考》一文中认为"'十八间'的数字当源于'文殊圣境'殿面阔五间，进深三间所形成的十五间地盘加上中部为采光开天窗而抬高的三间。"《故宫博物院院刊》2013年第1期，第60页。

② 蒲文成：《青海佛教史》，青海人民出版社，2012年，第302页。

图3-46 五塔门全景

（来源：自摄）

图3-47 五塔门台顶上五塔（由东北向西南摄）

（来源：自摄）

表3-7　五塔门五色塔表

名称	位置	塔座	颜色	塔身	琉璃法器	相轮	塔刹
红塔	西二	须弥座	红	正置圆形钵	莲花	仰莲托十层相轮	铜制天盘、地盘、仰月、圆光、火焰宝珠组成
绿塔	西一	须弥座	绿	折角方形	宝剑	仰莲托十层相轮	同上
黄塔	中	须弥座	黄	抹角八面形	华盖	正、覆仰莲托十一层相轮	同上
白塔	东一	须弥座	白	葫芦形	法轮	仰莲托十层相轮	同上
黑塔	东二	须弥座	黑	倒置圆形钵	降魔杵	仰莲托十层相轮	同上

　　孙大章先生在《承德普宁寺——清代佛教建筑之杰作》一书中对普庙五塔门有过这样的描述："承德普陀宗乘之庙前部的五塔门应该说是一座坛城。但它没有采用十字对称布局，也无方向含意，而是在三券洞白台上以一字排列五座喇嘛塔来代表五佛聚集的组合。每座喇嘛塔的颜色、塔肚的形状及塔肚上装饰图形（分别代表五方如来佛的三昧耶形）皆不相同。而各塔的高度、比例，须弥座形状大小，相轮层数，塔刹形状都是相同的，所以整座塔门的外观十分完整协调，远观浑然一体，近视微有差别，是一处很成功的设计。"①

　　根据唐不空所译《菩提心论》记载，大日如来为教化众生，将其自身具备的五智变化为五方佛：中央毗卢遮那佛(大日如来)代表法界体性智；东方阿閦佛（不动如来），代表大圆镜智；南方宝生佛，代表平等性智；西方阿弥陀佛，代表妙观察智；北方不空成就佛，代表成所作智。这就是"五方佛"的来历。②

　　中央毗卢遮那佛，即大日如来佛，为五方如来之首，本尊面为白色，象征无垢、无恶；他右手持法轮，象征法轮常转，左手持铃，象征他以和蔼可亲、慈悲的能力和法度施教，三昧耶形为法轮。东方阿閦佛，即不动如来佛，本尊面为蓝色，象征法性不变；他持金刚杵与铃，金刚杵象征无误，铃象征凡有所作，皆以和蔼可亲的态度为之，三昧耶形为金刚杵。南方宝生佛，本尊面为金黄色，象征增益行愿，他右手持如意珠，左手持铃，象征有求必应，满足求者愿望的方式，不是冷酷严苛或令人难以接受，三昧耶形为宝珠。西方阿弥陀佛，本尊面为红色，右手持莲，左手持铃，象征修弥陀法可令修者之心平和而

① 孙大章：《承德普宁寺——清代佛教建筑之杰作》，中国建筑工业出版社，2008年，第210页。
② 黄春和：《佛教造像艺术》，河北佛学院，2001年，第161~162页。

图3-48　五方佛（东、南、中、西、北）

（来源: 百度百科）

安适，三昧耶形为莲花。北方不空成就佛，本尊面为绿色，象征行多种行，能达成多种目的；他左手持铃，右手持双金刚，象征无论在何处，都没有他不能成就之事，三昧耶形为羯摩。[①]（图3-48）

将五塔门上五座佛塔的颜色、排列顺序及塔身上装饰的法器情况，与五方佛的颜色、排列顺序以及三昧耶形等情况进行对比，发现并不能完全一一吻合。故五塔门之上的红、绿、黄、白、黑五塔是象征五方佛的观点还有待商榷。

对五塔门上的五座不同颜色的塔的寓意，还有这样一种解释：认为从西至东五种不同颜色的塔是对佛教宁玛派、噶当派、格鲁派、噶举派、萨迦派等五大教派的象征。在藏传佛教中，宁玛派又称为红教，噶当派称为绿教，格鲁派称为黄教，噶举派称为白教，萨迦派称为花教。按照上述解释，其中宁玛派、噶当派、格鲁派、噶举派与塔的颜色相符，但用黑塔代表又称为花教的萨迦派，实为有些说不过去。在藏传佛教中，藏区的原始宗教苯教，称为黑教，但苯教在清朝已几近消失，并不是当时所盛行的一个教派，故黑塔代表苯教亦不成立。综上所述，五塔门顶部五种不同颜色的塔并不是对藏传佛教五大教派的象征。

本文通过对五塔门五塔的颜色、形状、大小认真比对，对其真正寓意做出以下推断：

黄塔，位于五塔正中，且其相轮部位比其余四塔略高，如果将正、覆仰莲的层数算入相轮的层数，那么黄塔的相轮层数为十三层，而其余四塔则为十一层，由此可见黄塔的规格是高于其他四座塔的。另外黄塔塔身上所饰的华盖，具有特殊的意义。"华盖"又叫伞盖、宝伞。"华"，即花、花鬘等；"盖"，即遮阳之伞。以花装饰之伞盖，称为华盖。宝伞原是古印度皇室、贵族出行的仪仗器具，为权利、财富的标志。相传释迦牟尼成道后，为众弟子讲经传法，梵天等天神拿一把饰有绸缎宝珠的金柄白伞为佛遮阳，并献给佛祖。从此，华盖成为了佛教八宝之一，用来显示佛、菩萨等的崇高地位。从黄塔的颜色、

---

① 党措：《瑜伽密教神祇研究——以金刚界曼荼罗神祇为中心》，陕西师范大学博士论文，2014年，第53~77页。

相轮规格以及塔身所饰法器等情况，笔者认为黄塔应该是对清代极盛一时的藏传佛教格鲁派（黄教）的象征，同时在某种程度上也是对清朝至高无上皇权的象征。

对于其他四座佛塔，笔者通过认真比对，发现无论是从塔的颜色、形状、塔身所饰法器等方面，与普宁寺四色塔完全相同（图3-49）。本文认为五塔门之上的红、绿、白、黑四塔的建筑形制取自普宁寺的四塔。普宁寺是仿西藏桑耶寺所建，据《贤者喜宴》记载，位于桑耶寺东南角的白塔为大菩提塔，以狮装饰，遂成声闻之风格；西南角的红塔饰以莲花，系长寿菩萨之风格；西北角的黑塔以如来佛之遗骨为饰物，系独觉佛风格；东北角的绿塔以十六门为饰物，系法轮如来风格。乾隆二十年（1755）《御制普宁寺碑》载："复为四色塔，义出陀罗尼，四智标功用。"可知普宁寺四色塔代表的是佛的四智，即大圆镜智（绿塔，宝剑）、平等性智（红塔，莲花）、妙观察智（白塔，法轮）、成所作智（黑塔，金刚杵），据此推测，普庙五塔门上的绿、红、白、黑四塔也应该是佛教四智的寓意。

另外，就五塔门五塔红、绿（青）、黄、白、黑五种颜色和规格大小来说，与华夏传统文化典型符号——五色土正好吻合，在某种意义上，也是对"普天之下，莫非王土"的象征和寓意，同时也体现了中国传统文化思想与佛教义理的完美结合。

2.其余各塔

东五塔白台之上的五塔，在平面、塔高、比例分割、须弥座形制、相轮、塔刹、塔身装饰的琉璃构件等方面完全一致，从下向上依次为亚字形须弥座、金刚圈座、塔身、相轮、塔刹等，唯各塔的颜色不同，五种不同颜色的砖塔排列的方位顺序与五塔门之上的五塔一致（图3-50）。

西五塔白台之上的五塔均为白色覆钵式喇嘛砖塔，唯有在须弥座与塔身之间过渡部位的造型有所不同。西二塔为圆形式的金刚圈造型；西一塔为亚字式的金刚圈造型；中塔为覆莲花式的金刚圈造型；东一塔为须弥座造型；东二塔为圆形式的金刚圈造型，但在细节上与西二塔有细微差别（图3-51）。

单塔白台，因其台顶施建一座覆钵式喇嘛砖塔，故名为单塔白台。砖塔的整体建筑形制与东五塔白台上的砖塔一致，唯在塔的颜色和塔刹部分略有不同，单塔白台上的砖塔颜色为红色，宝盖之上装饰的是宝瓶和火焰（图3-52）。

三塔水门，位于普庙西旱河和围墙的交界处，台体下开三拱券门用来泄流西旱河雨水，台顶之上施建三座砖塔，故名为三塔水门（图3-53）。三塔水门之上的三座喇嘛塔从下向上依次由亚字形须弥座、金刚圈座、塔身、相轮、塔刹等部分构成，其建筑形制与东五塔基本相同。三座白塔，东西两侧白塔高度一致，中间白塔略高，这种高差是通过变化须弥座与塔身之间金刚圈的层数来实现的。

琉璃塔，主要位于大红台群楼和御座楼群楼的女墙上，主要由须弥座、金刚圈座、塔

图3-49 普宁寺四色塔

（来源：自摄）

图3-50　东五塔顶部五色塔（由北向南摄）

（来源：自摄）

图3-51　西五塔顶部五座白塔（由北向南摄）

（来源：自摄）

图3-52 单塔白台顶部红塔

（来源：自摄）

图3-53　三塔水门白塔

（来源：自摄）

身、相轮、塔刹等部分构成（图3-54）。与砖
塔建筑形制相比，有两处最大的区别：一，施用
双须弥座，上为琉璃须弥座，下为石质须弥座；
二，塔刹装饰构件与砖塔有明显区别，宝盖之上
装饰的是火焰，这样的塔刹设计，使得琉璃塔与
其周围顶部饰装火焰的琉璃佛八宝在形式风格上
保持了协调一致。

（二）碑

1. 碑阁之石碑

　　碑阁，是普庙中一座重要的建筑，内置三通
石碑，中为《御制普陀宗乘之庙碑记》，记述建
庙背景及经过；东为《土尔扈特全部归顺记》，
西为《优恤土尔扈特部众记》，记述厄鲁特蒙古
土尔扈特部回归祖国过程及清政府抚恤该部的情
况（图3-55）。两侧的《土尔扈特部全部归顺
记》碑和《优恤土尔扈特部众记》碑体量一样，
中间的《御制普陀宗乘之庙碑记》碑体量较大。

图3-54　琉璃塔

（来源：自摄）

图3-55　碑阁内三通御制碑
（来源：自摄）

图3-56　千佛阁院内御制碑
（来源：自摄）

三座石碑的形制相同，均由碑座、碑身、碑首三部分组成。碑座为方形，四面图案相同，每面左右下角各为一条行龙，中间上方为一条龙首向上且完全立体突出的行龙。三条行龙之间通过雕饰吊挂着铜钱的丝带隔开。碑身为长方体，四面分别用满汉蒙藏四种文字镌刻碑文，不同的是《御制普陀宗乘之庙碑记》碑的碑身每面四周雕龙，左右两侧各为五条升龙，上下各为二龙戏珠图案，而《土尔扈特部全部归顺记》碑和《优恤土尔扈特部众记》碑的碑身四周雕饰的是回字纹。三通石碑碑首为传统汉式龙碑首，碑首四面分别用满汉蒙藏四种文字镌刻"御制"二字。

2.千佛阁之碑

　　《千佛阁碑记》碑位于大红台西侧千佛阁天井院内的中心位置（图3-56）。石碑的具体形制与碑阁中《御制普陀宗乘之庙碑记》碑相同，碑身为长方体，四面分别用满汉蒙藏四种文字镌刻碑文，仅体量上略小一些。1770年乾隆六十大寿，当时蒙古各部为了向皇帝祝福，特进奉千尊无量寿佛。乾隆帝为此在普庙大红台上建千佛阁安置千尊无量寿佛，并撰文立碑，以记其事。

　　普庙现存的四通石碑，有一个共同的特点，即分别用满汉蒙藏四种文字镌刻碑文，石碑整体形制设计为四方柱体，四面的样式、规格大小等均相同，这与传统石碑前后两面较宽、左右两面较窄的特点略有不同。

（三）其他小品建筑

　　琉璃佛"八宝"，也是普庙建筑装饰的一个主要题材，在众多白台建筑、大白台、大红台顶面四周的女墙上装饰了大量的琉璃佛"八宝"（图3-57）。佛"八宝"即八吉祥，

图3-57　琉璃佛八宝

（来源：自摄）

又称八瑞吉祥、吉祥八宝，藏语称"扎西达杰"，是藏族绘画里最常见而又赋予深刻内涵的一种组合式绘画题材。佛"八宝"指的是金轮（法轮）、海螺（法螺）、宝伞、胜利幢（华盖）、莲花、宝瓶（宝罐）、金鱼（双鱼）、吉祥结（盘长），简称"轮、螺、伞、盖、花、罐、鱼、长"。《北京雍和宫法物说明册》记载："法螺，佛说具菩萨果妙音吉祥之谓；法轮，佛说大法圆转万劫不息之谓；宝伞，佛说张弛自如，荫护众生之谓；白盖，佛说遍复三千，净一切药之谓；莲花，佛说出污浊世，无所染着之谓；宝瓶，佛说佛智圆满，具完无漏之谓；金鱼，佛说坚固活泼，解脱坏劫之谓；盘长，佛说回环一切通明好之谓。"吉祥八宝大多以壁画的形式出现，也有雕刻和塑造的立体形式，这八种吉祥物的象征与佛陀或佛法息息相关。

琉璃无量寿佛也是普庙建筑装饰的一个重要题材。大红台正立面正中所嵌饰的6座琉璃无量寿佛幔帐（图3-58）及大红台群楼女墙外侧所镶饰的99座琉璃无量寿佛佛龛（图3-59），大大增强了普庙的宗教氛围。

图3-58 琉璃无量寿佛幔帐
（来源：自摄）

另外，石雕也是普庙小品建筑的重要组成部分。诸如南正门南侧和琉璃牌楼南侧的石狮，五塔门南部的石象（图3-60）。狮子，被誉为"百兽之王"，代表着皇权的尊贵和不可侵犯；大象，是大乘佛教的象征，且在佛教教义中大象亦是佛法的保护者，有"耆阇开宝纲，龙象总持"[①]之说。普庙的三组石雕充分体现了普庙的政治和宗教色彩。

图3-59 无量寿佛佛龛
（来源：自摄）

图3-60 石狮、石象
（来源：自摄）

———————————

① 须弥福寿之庙"妙高庄严"殿内乾隆御笔楹联。

第三节

普陀宗乘之庙
乾隆朝建筑原状小考

　　普庙建于乾隆三十二年（1767）至三十六年（1771），后经历代维修，已与初建时的原状有所出入。要想对普庙有一个深入的了解，对普庙肇建时的原状有一个正确的认识尤显重要。杨煦先生《热河普陀宗乘之庙乾隆朝建筑原状考》一文，从实地考察、修缮工程师访谈、文献和图像四个方面对乾隆朝普庙建筑原状①中的几个重要问题进行了详细的考证和论述。主要论证内容如下：

　　"无量福海"殿现已不存，其建筑基址应该在现琉璃牌楼前的假山位置；"九间房"现已不存，其建筑基址应该是在大红台西侧；"大红台群楼"现为三层群楼，在乾隆朝应该是四层群楼；"御座三层楼"即为档案中的"普胜三世"楼，位置在现御座楼楼北侧后墙被填实前的楼体，现已不存；"洛迦胜境"楼即为《清宫热河档案》所辑档案中的"七辈喇嘛楼"，其原为一座二层藏式平顶建筑，后改建为一座单檐歇山顶的建筑，"七辈喇嘛楼"为当今"洛迦胜境"殿的前身；"曲尺白台"位于御座楼东侧石砌馇台的位置，原为一座折尺形的平顶矮楼，在乾隆四十年（1775）被改建为加固御座楼楼体的馇台；"平台殿"位于大红台四层群楼东北角楼梯出口的南侧，即现楼梯廊所在位置的南侧，原建筑为藏式平顶，内陈设御座以供皇帝登临台顶时休息；大红台顶面南部的两座"塔罩亭"不是乾隆朝始建时的原物，而是嘉庆朝将大红台群楼由四层改建为三层时所修建，主要用以罩护群楼内的两座木塔，两塔罩亭于光绪三十年（1904）先后塌毁，现两座塔罩亭为新中国成立后的复建建筑；"千佛阁"虽为普庙始建时的建筑物，但其并非是普庙原设计中的建筑物，其所在位置影响了从大白台蹬道上端去往红台蹬道的交通路线；"呀曼达噶楼"即为现在"文殊圣境"殿；"哑巴院"的功用并非主要是普通僧侣在皇帝莅临普庙拈香时的规避之所，主要功用为馇固白台基座，《钦定热河志》图中没有这些馇台的形象，也未记哑巴院之设置，很有可能添设于普庙竣工后的维护工程。②

　　本节拟在杨煦先生考证的基础上，再次对普庙乾隆朝建筑原状进行考证论述。其中包括杨煦先生已经论证过的"无量福海"殿、大红台群楼、"普胜三世"楼、"洛迦胜境"

---

① 杨煦先生《热河普陀宗乘之庙乾隆朝建筑原状考》一文所言"热河普陀宗乘之庙乾隆朝建筑原状"是指普庙肇建之初时的状况，本书所言"普陀宗乘之庙乾隆朝建筑原状"所指亦同。

② 杨煦：《热河普陀宗乘之庙乾隆朝建筑原状考》，《故宫博物院院刊》2013年第1期，第41~68、153页。

殿等建筑，以及杨煦先生《热河普陀宗乘之庙乾隆朝建筑原状考》一文中未涉及的大红台
戗台护坡、大红台南众多琉璃瓦顶建筑，以及白台僧房、兵备房等。

一、"无量福海"殿

"无量福海"殿，在《清宫热河档案》及《钦定热河志》均多次提及，但现已不存。

乾隆五十四年（1789）《陈设档》载：

普陀宗乘之庙山门一座，石狮一对，龙旗御杖一分，吗呢杆四根，五色布幡四首（随
黄绒绳十六根）。碑亭一座，（内）石碑三统（系四样字），石像一对。广圆妙觉二山门
一座，御笔诗匾三面。威严总持东山门一座。宝光普耀西山门一座。无量福海殿一座。
（内里）明间面南宝座床一铺，（上铺）白毡一块，红毡一块，红洋毡一块（虫蛀），黄
妆缎坐褥、靠背、迎手一分。左设紫檀嵌玉如意一柄（玉有伤坏处），右设紫漆痰盒一
件、扇一柄（刘伦字、陆遵书画）。左设紫檀镶竹炕案一张，（上设）铜珐琅炉瓶盒一分
（紫檀盖座，玉顶，铜匙筋），霁红瓷木瓜盘一件（楠木座），青花白地磁冠架一件（紫
檀座）。右设紫檀木炕案一张，上设铜镀金塔八座（楠木座），铜佛五尊，铜镀金八宝一
分。对面面北紫檀木案一张，（上设）楠木三塔龛一座，玻璃门（内）铜佛三尊。左右设
楠木三屏峰二座，（上）铜佛六尊（各随佛衣），前设银镀金八供养一分，铜珐琅五供一
分（紫檀座、灵烛各一对），镶嵌银镀金海螺一对（随五色哈达十件）。东间面北宝座床
一铺，（上铺）白毡一块，红毡一块，红洋毡一块（虫蛀），黄妆缎坐褥、靠背、迎手一
分。左设紫檀嵌玉如意一柄，右设紫漆痰盒一件、扇一柄（王际华字、方琮画）。左设紫
檀镶竹炕案一张，上设青玉炉瓶盒一分（随铜匙筋，紫檀座），青花黄地木瓜盘一件（楠
木座），青花白地磁冠架一件（紫檀座）。右设紫檀木炕案一张，上设铜镀金塔八座（楠
木座）、铜佛五尊，前中设经一部（紫檀木匣盛），左设噶布拉鼓一件，右设铜铃杆一
分。面西紫檀木案一张，上设楠木三塔龛一座，玻璃门（内）铜佛三尊，左右设楠木三屏
峰二座，（上设）铜佛六尊（各随佛衣），前设银镀金八宝一分，铜镀金五供一分（紫檀
座随灵烛）。西间面东紫檀豆瓣楠木心琴桌二张，左右设楠木三屏峰，四座上铜佛十二尊
（各随佛衣），前设铜七珍一分，铜八宝一分，铜珐琅五供二分（随灵烛、紫檀座），墙
上挂像佛连三五轴（各随黄绸帘），单挂像佛十六轴（各随黄绸帘），青绸门刷二件，毡
帘一架，竹帘一架，外雨搭七架。普门应现琉璃牌楼一座……①

---

① 中国第一历史档案馆、承德市文物局合编：《清宫热河档案》第6册，中国档案出版社，2003年，第
337~339页。

图3-61　倒"凹"字形建筑遗址

（来源：自摄）

《钦定热河志》卷八十《寺庙四》称："前殿八楹，额曰无量福海。"[①]

杨煦先生根据《陈设档》对建筑的记述顺序以及实地考察，在《热河普陀宗乘之庙乾隆朝建筑原状考》一文"推测'无量福海'殿应居于五塔门、东西山门及琉璃牌坊围合成的区域中"，又根据承德市文物局王福山先生告知琉璃牌楼南侧的假山是在1976年地震后归安，在归安过程中发现西南位置尚存台基条石一块的情况，将现琉璃牌楼西南处假山所在位置确定为"无量福海"殿的原址，"其高度大致与今台地（琉璃牌楼南侧的平台）南端的两株松柏根部齐平（因该两株松柏树龄大致可推至乾隆年间）"。另外杨煦先生考证，明清时期档案中以"楹"数记载建筑开间数目的记法较为混乱，时指开间数，时指柱子数，他认为《钦定热河志》所载"前殿八楹"中的"楹"应该指的是柱子数，故推测"无量福海"殿为一座面阔七间的殿堂。

通过考证档案资料及实地考察，本文认同杨煦先生的推测——"无量福海"殿应居于五塔门、东西山门及琉璃牌坊围合成的区域中，但是对杨煦先生认为现假山位置应是"无量福海"殿原址的推断存疑。笔者通过实地考察，发现琉璃牌楼的西南侧现存一呈倒"凹"字形的建筑遗址[②]（图3-61），北面面阔四间，东面面阔两间，西面面阔两间，共计八间，开间数与《钦定热河志》所载"前殿八楹"正好相符[③]。另外，在乾隆五十四

---

① （清）和珅、梁国治编撰：《钦定热河志》，天津古籍出版社，2003年，第2799页。

② 呈倒"凹"字形的建筑遗址即为中院西5号白台遗址，见附图1。

③ 笔者认为《钦定热河志》所载"前殿八楹"中的"楹"应该指的是开间数。

年《陈设档》中关于"无量福海"殿中的陈设是分明间、东间、西间三个部分来记述的，这正好与本文所指倒"凹"字形的建筑遗址坐北向南四间（明间）、坐东朝西两间（东间）、坐西朝东两间（西间）三个部分吻合。鉴于以上原因，笔者推断这座呈倒"凹"字形的建筑遗址即为"无量福海"殿的建筑基址。

另外，在《热河普陀宗乘之庙乾隆朝建筑原状考》一文中，杨煦先生认为"'无量福海'殿很可能也为稍晚修建，《热河志》附图或绘制稍早，便没有绘出该殿，而稍后撰写的文字则予以收录"。但是仔细甄别《钦定热河志》所附普庙全图（图1-12），本文所认为的"无量福海"殿并不是在普庙全图中没有绘制，而是由于所绘普庙全图的视角偏右，再加上"无量福海"殿建筑规模较小，大部分建筑被其西侧的白台建筑所遮挡，在《钦定热河志》所附普庙全图中仍依稀可见上述白台建筑的东侧有一座建筑物。另外根据现场勘察，本文所认为的"无量福海"殿建筑基址，与紧邻其西侧的白台建筑基址是为一个整体，两者应是同一时期的建筑。故本文认为"无量福海"殿是为普庙的早期建筑，其建筑规模虽小，但乾隆五十四年《陈设档》和《钦定热河志》均对其进行了较为详细的记载，应是乾隆朝兴建普庙之时大红台之下众多建筑中的一座重要建筑；根据乾隆五十四年《陈设档》所载建筑内部的陈设情况，加之"无量福海"殿的位置紧邻"琉璃牌楼"的重要位置，笔者推断"无量福海"殿应该是乾隆帝至普庙拈香，来去行至琉璃牌楼这一节点时用来休息或者礼佛的一个重要场所。

二、大红台群楼

大红台群楼，在嘉庆十七年（1812）的维修工程中由原来的四层被改建为了现在的三层，前文通过分析档案资料及几张重要的普庙历史绘图已论述。杨煦先生在《热河普陀宗乘之庙乾隆朝建筑原状考》一文中通过考证亦认为大红台群楼是在嘉庆十七年由原来的四层改建为三层，同时认为"红台群楼这一变化，至少提示我们注意两个重要情况。第一，红台西群楼最上两层内之陈设，原为'六品佛楼'的建构，这是乾隆朝独创的一种建构模式，对乾隆皇帝本人具有重要意义。罗文华先生称普庙六品佛楼为红台西群楼的二、三两层，是指今日状况而言，而根据本文考证，乾隆朝六品佛楼应为三、四两层。这也正是乾隆四十年的坍塌如此严重，顶层却未被拆除，而是消失在嘉庆朝的原因。第二，现在远眺大红台，可见'万法归一殿'重檐金顶之上部（约占屋顶全高42%左右）突出于群楼楼顶，似从群楼中伸出，却又未能全露，但据本文研究可知，既然群楼原为四层，则原先的'万法归一殿'金顶应全部被群楼包围，无法露出"。

大红台群楼由四层改为三层这一变化，除了杨煦先生指出的两个应该注意的重要情况外，笔者认为还应注意以下三个情况：

琉璃无量寿佛佛龛　大红台群楼东、南、西三面的女墙外侧镶嵌有琉璃无量寿佛佛龛（图3–59），西侧女墙为27座，南侧女墙为34座，东侧女墙为38座[①]，共计99座琉璃佛龛。从《钦定热河志》所附普庙全图中可以看到原大红台群楼西、南、东三面的女墙上均设有佛塔、八宝、角旗等琉璃装饰构件，但并不能从图中分辨出大红台四层群楼女墙外侧是否镶饰琉璃佛龛。根据现大红台群楼女墙依然保留着的佛塔、八宝、角旗及佛龛等琉璃装饰构件的情况来看，现大红台群楼女墙上的琉璃装饰构件很有可能是在嘉庆朝维修大红台群楼时从原四层顶部女墙移至改建后的三层顶部女墙上的，现大红台女墙上所镶饰的琉璃佛龛极有可能是原四层群楼顶部女墙上的琉璃佛龛。如果原大红台群楼女墙镶饰有琉璃佛龛这一推断成立，那么原大红台四层群楼女墙所镶饰佛龛的数量就不仅仅是99座。从大红台群楼顶面现在的构建情况来看，在现大红台最高点处的"慈航普渡"殿的西侧女墙（原大红台四层群楼女墙的一部分）外侧也应镶饰有琉璃佛龛。经现场测量，"慈航普渡"殿西侧的女墙为15米；经对现镶饰琉璃佛龛女墙进行测算，15米女墙镶饰的佛龛数量应为9座。故而可以进一步推算原大红台群楼女墙外侧镶饰的琉璃佛龛数量为108座，这与佛教中寓意丰富的"108"数字不谋而合。现在大红台群楼女墙所镶饰的99座琉璃佛龛，与原四层群楼顶面女墙镶饰的108座相比差了9座，这很有可能是由于改建后的"慈航普渡"殿西侧女墙（原大红台四层群楼女墙的一部分）与现大红台三层群楼女墙不在同一高度上，"被迫"舍弃"慈航普渡"殿西侧女墙所镶饰的9座佛龛，继而为"迎合"中国传统思想中"九九归一"之意而做出的折中取舍。上文所述，仅为笔者根据现有资料的一种推断，推断结论还需进一步的资料佐证。但普庙导游在导游词中均言现大红台女墙所镶饰的琉璃佛龛为80座，以"80"这个数字来附会"以此来代表庆祝乾隆母亲80大寿"之说，仅从目前无量寿佛数量为99座来看，导游们的说法只是一种附会和演绎。

琉璃无量寿佛幔帐　位于大红台群楼南立面中轴线上的琉璃无量寿佛幔帐现为6座，从《钦定热河志》所附普庙全图（图1-12）以及乾隆五十八年（1793）William Alexander随马戛尔尼访华时所绘普庙铜版画（图3-62）来看，原大红台群楼南侧红墙中轴线上的琉璃幔帐应该是7座，这一变化是由嘉庆朝拆去大红台群楼第四层时而造成的。另外从《钦定热河志》所附普庙全图来看，在南立面中轴线上最上和最下一座琉璃幔帐的左右两侧，还应各有一个琉璃幔帐，这4座琉璃幔帐很有可能是对佛教中"四大"或者是"四智"的寓意，而中间呈纵向分布的7琉璃幔帐是对"七级浮屠"的寓意；另外中间的7座琉璃幔帐呈纵向分布在大红台南立面的中轴线上，在建筑表现手法上也起到了强调大红台中轴线的作用。

---

① 大红台群楼东侧女墙现镶饰琉璃佛龛为37座，加之女墙北端为开游客通道拆去的1座，共计38座。

图3-62　乾隆五十八年（1793）William Alexander随马戛尔尼访华时所绘普庙铜版画

（来源：承德市文物局资料室）

梯形盲窗　大红台群楼原为四层，那么原来大红台南墙面上的梯形窗就不是现在的6层，而是7层，加上大红台下边大白台南墙面上的3层盲窗，共计10层，"远远望去，自上而下灼然'十重'。佛教学说《演密钞》曰：'十数表圆，以彰无尽'。这与古代内地传说'九者数之极'的说法一样，均以'十'或'九'数为大。以'十重'的大红台示大须弥山至高无上"[①]，大红台群楼的细部装饰无不透显着佛教义理。

三、"普胜三世"楼

"普胜三世"楼，目前仅发现有两则史料提及。乾隆五十四年（1789）普庙《陈设档》载："普门应现琉璃牌楼一座……文殊圣境殿一座……普胜三世头层明间面北供柜一张……西次间面东宝座床一铺……东次间面南高矮床二铺……二层楼西次间面东宝座床一铺……东次间面南宝座床一铺……三层楼明间面南供柜三张……东次间供柜一张……西次间供柜一张……净房设铜炉一件（楠木座），紫檀木瓶盒一分（铜匙筋），锡如意盆一件，锡夜净一。洛迦胜境楼……"[②]《热河园庭现行则例》在记录普庙匾额时载："普陀宗乘之庙：普陀宗乘之庙（南正门）、广圆妙觉……文殊圣境、妙得圆成、净性超乘。御

---

① 黄崇文：《普陀宗乘之庙的建立及其历史作用》，《西藏研究》1988年第2期，第103页。

② 中国第一历史档案馆、承德市文物局合编：《清宫热河档案》第6册，中国档案出版社，2003年，第339~345页。

座：普胜三世、洛迦胜境、千佛之阁……"①杨煦先生通过对以上两则史料记述建筑内部陈设及建筑匾额的顺序，分析"'普胜三世'楼记述顺序在'文殊圣境'与'洛迦胜境'之间，可见该楼为主体建筑之一部，且在大红台之东侧，当立于白台基座上，位置在今'御座楼'一带"。加之对乾隆三十六年六月初六日至七月十八日《布达拉庙工程成数》的分析，杨煦先生接而论得前两则史料所提及的"普胜三世"楼即或为《布达拉庙工程成数》中屡次提及的"御座三层楼"。

　　今日普庙大红台群楼东侧有一稍矮、面积稍小的四面群楼，高两层，称"御座楼"。现建筑说明牌载："御座楼：仿西藏布达拉东侧'德阳厦'而建。外观四层，内为二层群楼，平面呈回字形，中间为空井，南面正中突出三间抱厦为戏楼，此楼为乾隆皇帝来庙礼佛时的休息场所。每逢皇帝、太后万寿，要在这里演出藏戏，举行各番庆典活动。"由此可知现"御座楼"主要是指大红台东侧整体的两层回字形群楼及其南侧的"戏楼"两组建筑；另外从乾隆三十六年六月初六日、六月初十日、六月十六日、七月初七日及七月十八日所载的《布达拉庙工程成数》来看（表1-1），现"御座楼"指的是档案中所提及的"二层群楼"和"御座三层楼"两组建筑，"御座三层楼"即为现"御座楼"说明牌中所指的"戏楼"（图3-63）。

图3-63　戏楼

（来源：自摄）

---

① 石立锋校点：《热河园庭现行则例》，团结出版社，2012年，第130～131页。

从以上论证可知，《布达拉庙工程成数》中屡次提及的"御座楼三层楼"即为现"御座楼"说明牌中所指的"戏楼"。但杨煦先生并未就此下定论，主要原因如下：其一，"戏楼"为20世纪复原设计，但无任何关于记载"戏楼"的原始文献档案，"戏楼"之称或为以讹传讹；其二，乾隆朝《热河志》所附普庙全图上的御座楼群楼南侧顶部并无高出一层，乾隆朝可能没有该设置；其三，"戏楼"背对群楼南侧砖墙，面向天井，实为坐南朝北，颇难解释。综合以上三个原因，杨煦先生认为复建的"戏楼"缺乏复建依据资料，其现建筑形制难以成为考证"御座楼三层楼"的参考建筑。另外杨煦先生通过走访当年参与修缮普庙的王福山先生得知："修缮施工时在大红台一层、二层回廊东北角内均发现，从大红台北侧群楼东端向东通向现御座楼北侧实墙的位置有砌死的门的痕迹（图3-64），表明御座楼北侧厚墙曾经为建筑空间，后来才用砖填塞为实墙；而且施工中曾向御座楼西、北两面实心墙体中试掘，发现在砖墙中包砌了柱础；大修前所摄墙体表面可明显看到不均一的砖砌形式（图3-65），此情况表明御座楼北侧厚墙内曾经并非实心，而是一空心楼体，其被填封砌实或许也发生在嘉庆朝的大修中。"最后杨煦先生推断御座楼北侧厚墙被填实前的楼体为"普胜三世"楼最有可能的存在位置。

通过实地考察及对相关史料的分析，本文并不认同杨煦先生"'普胜三世'楼最可能的存在，仍是前述御座楼北侧厚墙被填实前的楼体，其内部结构未知，尚不能解读'三层'何来"的观点。原因如下：

其一，2013～2015年普庙整体维修工程，对御座楼群楼北侧墙体、顶面以及"洛迦胜境"殿南侧的暗排水沟进行了全面的勘察，并未发现御座楼群楼北侧厚实台体有后来填塞的痕迹。另外，从理论上来讲，"洛迦胜境"殿下方的台体基本上已被"洛迦胜境"殿所占

图3-64　（来源：杨煦《热河普陀宗乘　　　图3-65　（来源：杨煦《热河普陀宗乘之庙乾隆朝建筑原状考》)
　　　　之庙乾隆朝建筑原状考》)

据，仅剩余南不到2米的部分台体，所余的建筑空间已不够放置一座面阔三间的三层建筑。

其二，关于王福山先生所言"在修缮施工时在大红台一层、二层回廊东北角内均发现从大红台北侧群楼东端向东通向现御座楼北侧实墙的位置有砌死的门的痕迹"一说，并不能表明御座楼北侧厚墙曾经为建筑空间，砌死的门很有可能是进入大红台东群楼北半部外侧向内收进部位的通道。现大红台东群楼北半部的外侧向内收进部位的顶面，出现了呈南北向的严重下陷渗水的情况（图3-66），从这一情况来看，这一渗水下陷的部位原来很有可能是大红台东群楼北半部一层的回廊部分，后因某种原因而进行填实处理。另外关于王福山先生所言的在施工中曾向御座楼西、北两面实心墙体中试掘，发现在砖墙中包砌了柱础一说，本文认为砖墙中包砌的柱础，很有可能是后来对"七辈喇嘛楼"改建过程中丢弃的柱础，在维修御座楼北侧外鼓墙体时而被用来砌筑墙体。另外从1974年拍摄御座楼残破状况的一张照片来看（图3-67），御座楼北侧的厚墙体中部两间为二城砖砌筑，其余部分用停泥砖补砌，但是墙体补砌的部分并不是按照开间有规则的补砌（图3-68，第3、4图），东侧的两间仅补砌了墙体的上半部分，而下半部分墙体仍然是原来二城砖所砌筑的墙体。出现这样的现象很有可能是由于"洛迦胜境"殿前四个暗排水通道的水下渗造成了南侧墙体的外鼓闪塌，之后用停泥砖补砌而造成的，并非如杨煦先生所言"御座楼北侧厚墙内曾经并非实心，而是一空心楼体，其被填封砌实或许也发生在嘉庆朝的大修中"。

图3-66　顶面下陷情况

（来源：自摄）

图3-67　1974年御座楼北墙残破情况

（来源：外八庙管理处）

其三，乾隆三十六年《记录造办处承做热河活计档》所载："布达拉庙御座楼下层东次间北槛窗四扇，东槛窗二扇，着安碎分玻璃。其玻璃向京内要用。赶开光以前要得。钦此。"[①]这则档案虽未指明安装玻璃的建筑物是"御座三层楼"或"普胜三世楼"，仅记载为"御座楼"，但根据档案记载内容可以判断档案中所言的"御座楼"即为"御座三层楼"或"普胜三世楼"，原因如下：一，如果是御座楼群楼，仅用"下层东次间"不能指定明确位置。二，由档案所载"布达拉庙御座楼下层东次间北槛窗四扇，东槛窗二扇，着安碎分玻璃"的情况来看，由安装玻璃的建筑位置——"下层东次间北槛窗四扇"，可以判断该建筑一层的东次间北部有槛墙和槛窗。如果按照杨煦先生推测的御座楼北侧厚墙被填实前的楼体为"普胜三世"楼最有可能的存在位置，那么"下层东次间北槛窗四扇"的建筑结构就不能成立。

通过上述，可知原"御座楼三层楼"，即"普胜三世"楼位于御座楼群楼北侧厚墙位置的可能性微乎其微。本文认为现"戏楼"即为"普胜三世"楼，具体理由如下：

其一，现存"戏楼"为20世纪复建设计的产物，据承德市文物局资料室所藏戏楼复建档案，可知复建是以原存的建筑基址、残存建筑构件及一些老照片为依据的（图3-68、图

---

① 中国第一历史档案馆、承德市文物局合编：《清宫热河档案》第2册，中国档案出版社，2003年，第444页。

图3-68　1974年戏楼残存构件

（来源：外八庙管理处）

3-69），现"戏楼"基本上展现了原建筑的建筑形制。故可以作为本文论证"普胜三世"楼的参考依据。

其二，从乾隆朝《陈设档》所述，可知"御座三层楼"为一座面阔三间的三层建筑物，戏楼的建筑形制正好与"御座三层楼"相吻合。

其三，由乾隆三十六年六月初十日《布达拉庙工程成数》所载"御座三层楼钉安挂檐板，安装修，铺墁地面，周围二层群楼柱木竖得"[1]，可知御座楼的二层群楼应位于"御

① 中国第一历史档案馆、承德市文物局合编：《清宫热河档案》第2册，中国档案出版社，2003年，第336～338页。

图3-69　戏楼老照片
（来源：关野贞《热河》）

座三层楼"的周围，这正好与现两层回字形群楼和"戏楼"的位置关系相吻合。

其四，杨煦先生认为："'戏台（即本文所说的'戏楼'）'之称或为以讹传讹，御座楼区域在大修前仅存外围砖墙，回廊和戏楼现状为20世纪复原物，虽然该处的层数与'普胜三世'相符，但考虑二者间的关联却存在困难。一方面，乾隆朝《热河志》所附普庙全图（图1-12）上的御座楼南侧顶部并无高出的一层，乾隆朝可能没有该设置；另一方面，'戏台'背对群楼南侧砖墙，面向天井，实为坐南朝北，亦颇难解释。"本文认为"戏楼"之称是有以讹传讹之嫌，乾隆朝原来的称谓为"御座三层楼"或"普胜三世楼"，后来很有可能是因为其坐南朝北面向天井的建筑格局而被俗称为"戏楼"，这也是原始文献档案中未载"戏楼"的原因，关于现"戏楼"是否有"每逢皇帝、太后万寿，要在这里演出藏戏，举行各番庆典活动"的功用还需待考证。另外从乾隆朝《钦定热河志》所附普庙全图（图1-12）来看，御座楼南侧顶部可以隐约看到有一座高出群楼的建筑，由于所绘普庙全图较小，从此图中不能详知该建筑的形制。关于杨煦先生所言"乾隆朝《热河志》所附普庙全图上的御座楼南侧顶部并无高出的一层，乾隆朝可能没有该设置"的原因，很有可能是杨煦先生把图中御座楼顶面南部所绘的部分看成是对御座楼北部和东部群

图3-70　二层楼上后层北夹道

（来源：自摄）

楼内部结构的透视画法，而不是对另一单体建筑的描绘。关于杨煦先生所言"'戏台'背对群楼南侧砖墙，面向天井，实为坐南朝北"一说很难成立，本文认为"戏楼"这一座单体建筑，由于其特殊的建筑形制及与周边建筑的关系，从北观之为坐南朝北，从南观之则为坐北朝南，建筑朝向问题并不能就此一概而论。

其五，根据乾隆朝《陈设档》所载："普胜三世……净房设铜炉一件（楠木座），紫檀木瓶盒一分（铜匙筋），锡如意盆一件，锡夜净一。"可知在普胜三世楼内设有净房，现"戏楼"一层和二层的明间和西次间的进深为四间，除了向北出抱厦的进深两间外，剩余南侧的两间为戏楼的暗间，一层的暗间作为了进入"戏楼"的通道之用，而通道之上的第二层的两间空间，位于西南角，较为隐蔽，作为净房最好不过了。乾隆三十六年八月二十九日一档载："……布达拉庙御座楼下层西间南墙横披一张，二层楼上后层北夹道西墙真门画条一张，着贾全画罗汉一张，山水一张。"[1]此档中"二层楼上后层北夹道"所指的就是这一建筑空间，即净房所在的位置，应大致不误（图3-70）。

① 中国第一历史档案馆、承德市文物局合编：《清宫热河档案》第2册，中国档案出版社，2003年，第453页。

四、"洛迦胜境"殿

"洛迦胜境"殿，位于御座楼群楼顶部西北部，为一座单檐歇山卷棚顶建筑。杨煦先生通过查阅清宫档案资料及《钦定热河志》中所载的乾隆四十六年（1781）《普陀宗乘之庙全图》，论得"洛迦胜境"殿又称"七辈喇嘛楼"，在乾隆时期这两个称谓是混用的，原建筑是一座两层平顶藏式小楼。

本次维修，在清理大红台下白台建筑基址时发现了一块用满汉蒙藏四种文字镌刻"洛迦胜境"的石匾（图3-71）。在普庙中，诸如类似的石匾很多，均为镶嵌在砖砌的台体或墙体之上。这块石匾的发现，再次有力地证实了杨煦先生论证的正确性。

图3-71 "洛迦胜境"石匾

（来源：自摄）

五、大红台戗台护坡

现大红台东、西、北三面均设有用大石料垒砌的戗台护坡，观乾隆朝《钦定热河志》所附普庙全图（图1-12），大红台西侧没有戗台护坡；北侧由于大红台台体遮挡，是否有戗台护坡不能确定；东侧沿御座楼台体的东、南两侧筑有折尺形的三层平顶楼，在文献档案中将其记载为"东曲尺白台"。关于"东曲尺白台"，乾隆三十六年《布达拉庙工程成数》中均提及此组建筑，其应该是大红台台体的一个重要组成部分，另外也证实了普庙全图对这一部分建筑情况描绘的真实和准确性。杨煦先生在其《热河普陀宗乘之庙乾隆朝建筑原状考》一文中已证实大红台东侧戗台护坡是为了加固御座楼东侧及南侧台体基座，而在普庙竣工后的维护工程中改建的。故笔者推测，大红台西侧和北侧的戗台护坡也应是在东曲尺白台改建时添建完成的，并非普庙初建之物。

六、大红台南琉璃瓦顶建筑

现大红台之南琉璃瓦顶的建筑有南正门、碑阁、琉璃牌楼、中罡殿、钟楼、中院东白台殿、后院东白台殿、东边门、西边门、后院西7号白台楼[①]等十座单体建筑。通过仔细观察乾隆朝《钦定热河志》所附普庙全图（图1-12），仅可辨识碑阁和琉璃牌楼两座单体建筑为琉璃坡顶建筑。

首先来看南正门、东边门、西边门三座单体建筑（图3-72）。查阅乾隆三十二年至乾隆三十六年所见的档案资料，并没有关于大量施用琉璃瓦件及黑活瓦件的文字记载，笔者推断南正门、东边门、西边门三座单体建筑原形制即为普庙全图所描绘的藏式平顶建筑。可见在整体上保持寺庙的藏式建筑艺术风格，是普庙最初营建设计所坚持的重要原则之一。乾隆帝在《御制普陀宗乘之庙碑记》就针对仿建原则言到："广殿重台，穹亭翼庑，爰逮陶范斤凿，金碧髹垩之用，莫不严净如制。"[②]

其次来看中罡殿、中院东白台殿、后院东白台殿、后院西7号白台楼（图3-73）。从《钦定热河志》普庙全图（图1-12）中，很难辨认出上述各建筑的具体位置，故不能确定上述四座建筑是否是普庙初建时的建筑，"寺庙建成之后在某个时期添建"的嫌疑亦不可排除。乾隆五十八年（1793）《粘修热河普宁寺舍利塔泊岸营房等项工程销算银两黄册》对乾隆后期[③]粘补普庙工程所用费用进行了详细的记载。关于在此次粘修普庙工程中的用瓦规格及数量有这样的记载："头号筒瓦三百八十四件……罗锅三十六件，勾头一百二十二件，滴水一百十八件……折腰一百七十件……板瓦四千二百八十七件……二号筒瓦九千二百二十件，花边一千二百二十六件……罗锅三十一件，勾头一千二百六十七件，滴水二百九件……折腰二百二十六件……板瓦九十二万五千六百三十四件……三号筒瓦一千一百五十五件……勾头三十六件，滴水七十八件……板瓦四千二件……正吻十八只，垂兽三十六只……狮马一百八件……十号筒瓦八百七十一件……罗锅一百二十三件，勾头二百九十七件，滴水二百九十三件……折腰六百七件……板瓦五千二百二十六件……"[④]在清代工程档案中，关于黑活瓦件规格的称谓为"号"，而关于琉璃瓦件规格的称谓为"样"。故此可知档案中出现的"头号"、"二号"、"三号"、"十号"所指的是黑活瓦件的规格，根据档案中对瓦件筒瓦、板瓦、折腰、勾头、滴水、花边等种类，

---

① 后院西7号白台楼为20世纪90年代复建建筑，根据承德市文物局资料室所藏档案，可知现复建建筑与原建筑规格、形制等均无异。

② 乾隆三十六年（1771）《御制普陀宗乘之庙碑记》。

③ 此档并未明确注明此次维修普庙的时间，但根据其所奏销工程费用的时间，可判断为乾隆朝后期。

④ 中国第一历史档案馆、承德市文物局合编：《清宫热河档案》第7册，中国档案出版社，2003年，第360~362页。

图3-72　南正门、东边门、西边门

（来源：自摄）

图3-73 中罡殿、
中院东白台殿、
后院东白台殿、
后院西7号白台楼
（来源：自摄）

屋面脊饰正吻、垂兽、狮马等构件，以及所用一号板瓦、二号筒瓦、二号板瓦、十号板瓦所需巨大数量的记述，可知在乾隆朝后期普庙应有多处黑活坡面建筑。故此笔者推断：如果上述四座建筑是普庙初建之时所建，那么根据南正门、东边门、西边门三座重要单体建筑在普庙始建之初即为藏式平顶建筑风格的情况，这四座建筑在始建之初很有可能也是藏式平顶屋面；如果上述四座建筑是普庙建成之后所添建，那么根据《粘修热河普宁寺舍利塔泊岸营房等项工程销算银两黄册》所反映的情况，这四座建筑很有可能在施建之初即为黑活坡顶建筑，但也不能排除这四座建筑由普庙始建之初的平顶屋面在不久之后改建为黑活坡顶屋面的可能性，也不能排除这四座建筑在肇建工程之后添建时即为琉璃瓦顶的可能性。综上所述，不论是哪种推测，在普庙始建之初，这四座建筑均没有施用琉璃瓦的可能性。

最后来看钟楼。钟楼，现位于大红台下白台建筑群中部的偏东位置（图3-74）。《热河园庭现行则例》卷四载："东护法台悬挂铜钟高二尺五寸，钟钮高六寸，钟口径二尺三寸，系乾隆三十九年（1774）五月初一日供奉。"[1]从建筑位置来判断，现钟楼的前身即

图3-74　钟楼现状

（来源：自摄）

---

① 石利锋校点：《热河园庭现行则例》，团结出版社，2012年，第133页。

图3-75　1965年拍摄的钟楼原状　　　　　　图3-76　2002年复建中的钟楼
（来源：外八庙管理处）　　　　　　　　　（来源：外八庙管理处）

为史料中所言的"东护法台"。关于钟楼（东护法台）初建时的建筑形制，根据1965年拍摄的钟楼原状和2002年拍摄钟楼复建的两张照片（图3-75、图3-76），可知钟楼的原建筑形制为平顶藏式台体建筑。

综上所述，普庙大红台之南的白台建筑群，在乾隆朝初建时期，仅有中轴线上的碑阁和琉璃牌楼为琉璃屋面，在整体上保持寺庙的藏式建筑艺术风格，是普庙最初营建设计所坚持的重要原则之一。

七、僧房及兵备房

嘉庆六年（1801）三月初八日一档资料载："……有布达拉二山门外东边僧房楼一座，椽望糟朽，宇墙坍塌，押面石闪裂，挂檐砖吊落……"[1]可知普庙东边门外原有僧房。从乾隆朝《钦定热河志》所附普庙全图（图1-12）可见在普庙之东有一群组建筑，这组建筑应该就是档案资料中的"僧房"。现这一区域已被民房所占，已经寻找不到普庙东山门外僧房的痕迹了，我们仅能从关野贞所著《热河》中的一张老照片看到东边门之外的一座小桥（图3-77）。

---

① 中国第一历史档案馆、承德市文物局合编：《清宫热河档案》第10册，中国档案出版社，2003年，第2页。

图3-77　东边门外原存石桥
（来源：关野贞《热河》）

　　《热河园庭现行则例》卷三载："……乾隆三十七年七月初四日奉三大人谕：布达拉西边建盖之千总、兵丁房间，蒙上问及，经本堂回奏，房间具已修盖完竣，现交热河总管等，令千总、兵丁陆续移来居住等因奏明……"①乾隆三十七年在布达拉庙的西边添建了守卫普庙的兵备房。道光九年（1829）五月二十八日一档载："扎什伦布、布达拉二处千备兵房墙垣坍塌倒坏较前尤重……扎什伦布、布达拉二处千总兵房门口院墙等项曾经总理工程处委员查勘，请暂拟缓修……"②至道光朝普庙备兵房损害严重，部分建筑已有塌毁之迹象。现这一区域辟为耕地和林地，已无从找寻兵备房的踪迹了。

---

① 石利锋校点：《热河园庭现行则例》，团结出版社，2012年，第121页。
② 中国第一历史档案馆、承德市文物局合编：《清宫热河档案》第14册，中国档案出版社，2003年，第464页。

第四节

普陀宗乘之庙建筑的特点

普庙为仿西藏布达拉宫而建，具有浓郁的藏式建筑风格，但是由于政治、地域文化等方面的影响，以及部分建筑历经多次改建，或多或少的融入了传统建筑风格，从寺庙的整体上来讲，形成了"藏式建筑风格为主，传统建筑风格为辅"的寺庙建筑风格。

一、"藏式建筑风格为主"特征的具体体现

第一，普庙平顶式的建筑特点，从整体上保持了寺庙的藏式建筑风格。平顶屋面是藏传佛教寺院及民居建筑的重要特征之一。在普庙的众多白台建筑中，不论是空心白台，还是实心白台，整体建筑形式均为平顶。前院东白台殿、中罳殿、后院东白台殿等建筑，虽然在台体顶部建造了传统的琉璃瓦顶殿堂，但是从整体上并未对藏式平顶建筑形式造成严重影响。另外，根据前文普庙建筑原状一节所论，南正门、东边门、西边门、中罳殿、中院东白台殿、后院东白台殿等建筑，其台体顶部的琉璃瓦顶建筑在普庙初建之时均不可能是琉璃瓦顶，可见保持普庙整体藏式建筑风格是寺庙肇建时的重要营造设计原则之一。

第二，墙体外侧的建筑形式保持了建筑整体上的藏式风格。从普庙所有的单体建筑来看，除了碑阁、琉璃牌楼两座单体建筑和大红台建筑群外，其余建筑外侧墙体的建筑形式具有以下几个特点：其一，墙体外侧均粉刷为白色。白色是藏传佛教中极为推崇的一种颜色，除了表达色彩的基本含义之外，具有吉祥、纯净、正直的意思。故在藏式建筑中，多将墙体外侧粉刷成白色。其二，在墙体的外侧装饰多层粉刷为红色的梯形盲窗。在藏式建筑中，碉房是最为常见的一种建筑形式，藏族碉房是由藏族先民用石头建造的具有较强军事防御功能的方形建筑物，一般高三、四层，每层四周开窗，普庙台体建筑墙体外侧装饰的多层红色梯形盲窗便是对藏式碉房每层开窗的象征。其三，在墙体顶部四周施用红色墙身的女墙，其外观形式与藏式建筑中特有的"边玛墙"建筑形式极为相似。"边玛墙"的具体做法为："先将砍回的'边玛'堆晾一段时间，基本干定后，捆扎成若干小把，根据墙体所需的长度截去多余部分，然后逐层堆码至所需高度。一般高度在80～150厘米，上面再安装一道椽盖（多数寺庙的椽中将其中的一椽做成'洞金'，圆形椽，或者叫珠串形）。再在椽盖上覆以石

图3-78　彩画上的"六字真言"和"时轮金刚咒"

(来源：自摄)

板，石板之上盖泥土。'边玛'墙一般都要刷上一道褐红色，亦有刷成黑色的。作'边玛墙'的目的，从建筑角度讲，是为减轻建筑物顶部的自重并达到一定的装饰效果。"①

第三，大红台群体建筑的布局形式形象生动的表现了藏式建筑风格。普庙是以西藏布达拉宫为蓝本而建，大红台之南的众多白台建筑的分布是对西藏布达拉宫"雪域区"众多白台僧房、经房等建筑的"模仿"，而普庙大红台群体建筑是对布达拉宫主体建筑群白宫、红宫的"模仿"，其设计模仿程度几乎做到了极致。大红台前大白台、大红台群楼、"慈航普渡"和"权衡三界"两座金瓦建筑、圆白台、"文殊圣境"殿、千佛阁、御座楼群楼等建筑的形式和布局均是对布达拉宫白宫和红宫形象的模仿写照，特别是原大红台群为四层群楼，普庙主体建筑"万法归一"殿不突出于群楼的设计，也是对布达拉宫进行形象生动仿建而做出的折中设计②。

第四，普庙建筑的彩画也体现了藏式建筑的风格。藏文六字真言"唵嘛呢叭咪吽"、时轮金刚咒"含刹麽隶婆罗耶"等文字是普庙建筑梁枋、天花板油饰彩画中必不可少的装饰题材（图3-78）。六字真言，又称六字大明神咒，是藏传佛教里最为尊崇的咒语之一。密宗认为这是秘密莲华部的根本真言，是一切佛教经典的根源，循环往复不断念诵，即能消灾积德，功德圆满。多用梵文或藏文字母（蒙古地区庙宇还有用八思巴文）书写、描画、雕刻在建筑物檐枋、天花板、门框、大小宗教器具、山岩、石板上。时轮金刚咒是由

① 杨嘉铭等著：《西藏建筑的历史文化》，青海人民出版社，2003年，第176页。

② 杨煦先生在《重构布达拉——承德普陀宗乘之庙的空间布置与象征结构》一文载："乾隆帝在乾隆十三年（1748）曾派两名官员、一名画师、一名测绘师至布达拉宫测绘临摹，这是目前所见乾隆帝对布达拉宫建筑关注行为的唯一记载，尽管当时技术手段必然无法做到工程级测绘，但这却是布达拉宫作为普陀宗乘之庙原型的最可能依据，故本研究以1748年的建筑状态为基准。考察布达拉宫修建史可知，普陀宗乘之庙仿建所依的应是乾隆十三年（1748）所对布达拉宫测绘临摹的图纸，考察布达拉宫修建史可知，当时主体建筑上尚无今天的七、八、九和十三世达赖灵塔殿及金顶、上师殿金顶。红宫顶部只有五世达赖灵塔殿和圣观音殿的两座金顶，白宫则缺少东日光殿。"《建筑学报》2014年Z1期，第128～129页。

"含刹麼隶婆罗耶"七个梵文字母组成的字符，时轮金刚咒字符囊括了地、水、火、风、空五行及日月，若以颜色标示，则"地"为黄色，"水"为白色，"火"为红色，"风"为黑色，"空"为蓝色，故时轮金刚咒字符常用五种颜色套写，组成精美的图案。

第五，普庙建筑顶部的细部装饰也体现了藏式建筑风格。诸如金顶建筑宝顶中的宝瓶、法铃，以及垂兽等构件的造型，"洛迦胜境"殿、戏楼等建筑屋面上的摩羯式垂兽，白台建筑女墙顶部装饰的琉璃佛"八宝"等，都是藏传佛教寺院中较为常见的细部装饰题材。

二、"传统建筑风格为辅"特征的具体体现

第一，从建筑的数量上来讲，普庙中的传统建筑较少。在普庙始建之初，在大红台下仅有碑阁、琉璃牌楼两座传统建筑，即使算上现为琉璃瓦顶的其他建筑，琉璃瓦顶的建筑数量也在普庙中占据少数，另外大多数琉璃瓦顶建筑一般都坐落于藏式白台的顶面之上，并不是完全意义上的传统单体建筑。

第二，"外藏内汉"的建筑布局形式，也是普庙传统建筑风格为辅特征的体现。在普庙的众多空心白台之内，建有供喇嘛居住、学习的传统灰瓦建筑，这一类型的建筑现存较少，但从空心白台院内的建筑基址来看，绝大部分的空心白台之内均建有传统灰瓦建筑，具有独特的"外藏内汉"特点。这些白台内部的传统灰瓦建筑，在建筑体量上较小，大部分不外露于白台之外，即使有一些建筑，诸如东罡殿正殿、西罡殿正殿等建筑的高度超过了其外围白台墙体的高度，但通过在灰瓦顶建筑的两山面砌筑如"风火墙"式的女墙进行遮挡，也保持了建筑的整体藏式风格。

第三，普庙建筑的一些其他细部特征也体现了传统建筑风格。诸如，大部分建筑施用的垂带踏跺、云步踏跺；建筑中的和玺彩画，以及西罡殿施用的包袱彩画；"万法归一"殿、"权衡三界"殿、"慈航普渡"殿等建筑施用的三交六椀菱花心屉的门窗装修，这些建筑细部特征均是传统建筑风格的表现。

第四章

普陀宗乘之庙
比较研究

第一节

普陀宗乘之庙
与布达拉宫比较研究

一、布达拉宫概况

（一）布达拉宫历史沿革

布达拉宫，位于海拔3700米的西藏自治区拉萨市西北的红山（藏语称"芒波日山"）上，"是一组集宫殿、灵塔殿、佛殿、僧舍、印经院等于一体的城堡式古建筑群"[1]，具有鲜明而典型的藏式建筑风格，有着悠久的历史。布达拉宫的建造可以分为两个大的时期，第一个建造时期为布达拉宫的始建时期，即公元七世纪松赞干布时期，第二个时期是从五世达赖喇嘛开始的复建时期。

1.始建时期的布达拉宫

《西藏王统记》载："昔我祖托托宁协（拉托托日年赞）乃普贤之化身，曾住拉萨红山之巅。"[2]可见现位于拉萨市西北的红山在吐蕃王朝拉托托日年赞时期已被重视，并作为拉托托日年赞的重要修行地之一。

吐蕃第三十三代赞普松赞干布时期，开始在拉萨红山上营建宫殿，即布达拉宫的始建时期。633年，松赞干布将吐蕃的政治中心由山南琼结迁至逻些（拉萨），并在红山上建造宫室[3]，这应该是在拉萨红山上最初的布达拉宫。在此之后，布达拉宫又经两次扩建。第一次是尺尊公主扩建王宫。尺尊公主进藏后，发现"王常于本尊前，献诸供养，并作祈愿，而不外出"，担心会有"边患之虞"，于是提出"修建大城堡"，松赞干布同意之后，布达拉宫得以扩建[4]。第二次扩建发生在文成公主进藏之后。《旧唐书·吐蕃传》

---

① 姜怀英：《从布达拉宫看西藏寺庙建筑演变中的几个问题》，《古建园林技术》1994年第4期，第9页。
② 索南坚赞著，刘立千译注：《西藏王统记》，民族出版社，2000年，第40~41页。
③ 蒲文成：《吐蕃王朝历代赞普生卒年考》，《西藏研究》1983年第4期，第92~106页。
④ 索南坚赞著，刘立千译注：《西藏王统记》，民族出版社，2000年，第58页。

载："贞观十五年，妻以宗女文成公主，诏江夏王道宗持节护送，筑馆河源王之国。弄赞率兵次柏海亲迎，见道宗，执婿礼恭甚，见中国服饰之美，缩缩愧沮。归国，自以其先未有昏帝女者，乃为公主筑一城以夸后世，遂立宫室以居。"①文成公主入藏，松赞干布在拉萨红山王宫为其增建宫室，布达拉宫再一次得到扩建。《松赞干布六字大明咒教戒》对初建时的布达拉宫有这样的描绘："红山内外三层围城，宫室九百九十九间，加顶端佛堂（观音堂）共一千间。楼城四周，矛旗林立，南部九层楼为文成公主寝宫。围城四周设有四座门楼，在与公主宫殿之间通以银桥。东城门外，设有王之跑马场，以砖石为基，上铺木板包钉，两旁珠宝网络围绕。跑马之时，一马奔腾，犹如十马奔腾之势。"②《西藏王统记》也有类似的记载："定于阳木羊年为新城堡奠基。城高约三十版土墙重叠之度，高而且阔，每侧长约一由旬余。大门南向，红宫九百所，合顶上赞普寝宫共计宫室千所。飞檐女墙，走廊栏杆，以宝严饰，铃声震动，声音明亮，建造堂皇壮丽。"③762年，即吐蕃第三十六代赞普赤松德赞修建桑耶寺之时，布达拉宫遭雷电，几近毁半。《青史》载："以雷电毁布达拉宫者，念青唐拉山神也。"④在此之后，由于战争，社会动荡不安等原因，布达拉宫处于无人管护修复的境地，经数百年风雨侵蚀，随着吐蕃王朝的解体，布达拉宫几近全部塌毁。

2.复建时期的布达拉宫

1642年，五世达赖喇嘛建立甘丹颇章地方政权，为了巩固新政权，决定在布达拉宫旧址重建布达拉宫。1645年，开始重建白宫，全部工程由摄政王第司·索朗绕登主持，至1647年布达拉宫白宫复建工程完成，1648年外围工程完工。1653年，五世达赖喇嘛由哲蚌寺迁住布达拉宫，甘丹颇章政权至此迁至布达拉宫，布达拉宫成为历代喇嘛的"冬宫"⑤。1682年，五世达赖喇嘛阿旺罗桑嘉措在布达拉宫圆寂，西藏第五代摄政王第司·桑结嘉措为五世达赖喇嘛修建灵塔殿，并开始复建红宫。为了使这一浩大工程顺利进行，第司·桑结嘉措对五世达赖喇嘛圆寂之事一直隐匿至红宫复建工程完工，长达十四年之久。1693年红宫复建工程完成，并举行了落成典礼。至此，五世达赖喇嘛时期对布达拉宫的复建工程全部完工，白宫和红宫得以全部复建。

五世达赖喇嘛之后，布达拉宫又经多次扩建和维修。

七世达赖喇嘛时期，将原来的三界胜伏宫改建为秘书处，并设立僧官学校，增建七世

① （后晋）刘昫：《旧唐书》，中华书局，1975年，第5221~5222页。
② 转引于《布达拉宫》，周敦友，《法音》1985年第5期，第29页。
③ 索南坚赞著，刘立千译注：《西藏王统记》，民族出版社，2000年，第58页。
④ 郭诺·迅鲁伯著，郭和卿译：《青史》，西藏人民出版社，2003年，第26页。
⑤ 达赖喇嘛冬季入住布达拉宫，夏季入住罗布林卡，故有"冬宫""夏宫"之称。

达赖喇嘛"吉祥光芒"灵塔及灵塔殿。八世达赖喇嘛时期，将噶丹平措吉宫改为丹珠尔佛堂，并在佛堂内塑造铜质鎏金弥勒佛像，增建八世达赖喇嘛"妙善光辉"灵塔及灵塔殿。九世达赖喇嘛时期，增建九世达赖喇嘛"三界喜悦"灵塔和灵塔殿。十世达赖喇嘛时期，对白宫西日光殿的喜足绝顶宫、神足欲聚宫、红宫秘书处、白宫的旺堆吉宫进行维修，增建十世达赖喇嘛"欲界庄严"灵塔和灵塔殿。十一世达赖喇嘛时期，增建十一世达赖喇嘛"利乐光芒"灵塔。十二世达赖喇嘛时期，增建十二世达赖喇嘛"寿施光芒"灵塔。十三世达赖喇嘛时期，对布达拉宫进行了一次大的维修，主要对僧官学校、红宫时轮殿、印经楼、圣观音殿等建筑进行大规模的维修，同时在布达拉宫顶层增建东日光殿，在布达拉宫前侧的雪齐布处增建"雪域利乐宝库印经院"，增建十三世达赖喇嘛"妙善如意"灵塔及灵塔殿。至此，布达拉宫便形成了今日我们所见的规模和布局。西藏和平解放之后，国家政府组织人力、物力、财力于1989年至1994年，2002年至2009年对布达拉宫进行了两次大的维修，这两次大的维修工程严格遵守《中华人民共和国文物保护法》"修旧如旧"、"不改变文物原状"的原则，布达拉宫的历史建筑并未发生本质上的改变，我们现在看到的布达拉宫是至1934年十三世达赖喇嘛灵塔及灵塔殿竣工之后的布达拉宫。

（二）布达拉宫建筑现状

布达拉宫依拉萨红山山势而建，占地总面积36万余平方米，建筑总面积13万余平方米，宫殿、灵塔殿、佛殿、经堂、僧舍、庭院等一应俱全，主要分为雪城区、宫室区、园林区三个部分（图4-1、图4-2）。

"雪城"，亦称"雪老城"，位于宫墙内的山前部分，是布达拉宫建筑群的重要组成部分。"雪城"东、西、南三面为高大的围墙，围墙呈长方形，东西长317米，南北长170米，城墙高约6米，底宽4.3米，顶宽2.8米，墙体顶面施用女墙。在城墙的东南角和西南角各设有一座角楼，东、西、南三面城墙各设一座门楼，通过城墙顶面人行道可至角楼和门楼。雪城部分的建筑主要为一些世俗性的具有服务性的平顶藏式建筑，如法院、东西印经院、藏军司令部等白台建筑，此外作坊、马厩、供水处、仓库、监狱、僧舍、服务人员住宅等宫廷辅助设施也都设在这里，是布达拉宫不可或缺的附属建筑。

宫室区，位于红山之巅，是布达拉宫的主体建筑，主要由白宫和红宫并联组成。山顶宫室区在建筑手法上采用藏族传统的宗山建筑形式，犹如一座坚不可摧的城堡。其东端为东大堡，西端为西大堡，西大堡南侧之下为僧舍群体建筑，红宫之北为供达赖亲属探亲施用的一些建筑，在这些群体建筑中间的便是布达拉宫的主体建筑白宫和红宫。

白宫，因其外墙刷白色而得名，是达赖喇嘛居住的冬宫，也曾是原西藏地方政府的办事机构所在地。总高七层，东西宽约60米，南北深约50米。第一层至第三层为地垄，主要

图4-1 布达拉宫平面图
（来源:《西藏布达拉宫
修缮工程报告》）

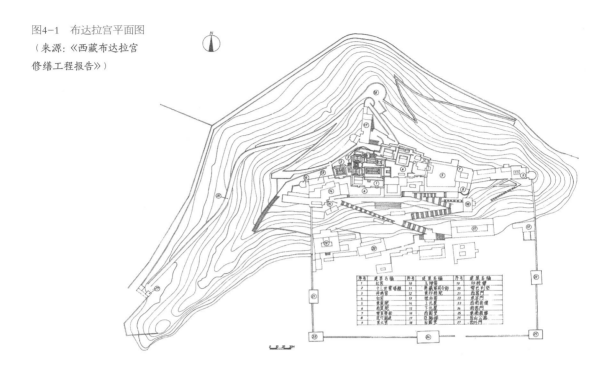

图4-2 布达拉宫全景照
（来源:自摄）

为各种库房。位于第四层中央的东有寂圆满大殿（措庆夏司西平措），是布达拉宫白宫最大的殿堂，这里是达赖喇嘛坐床、亲政大典等重大宗教和政治活动的场所。第五、六两层主要为摄政办公和生活用房等。最高处第七层是两套达赖喇嘛冬季的起居宫，由于这里终日阳光普照，故称东、西日光殿。除此之外，白宫还包括虎穴圆道、天王堡（东大堡）、东圆堡、僧官学校等一些具有防御功能的藏式碉堡式建筑。

红宫，因其外墙粉刷成红色而得名。主要由主楼、楼前西欢乐广场及周围廊组成。主要建筑为历代达赖喇嘛的灵塔殿和十余座佛殿。红宫总高九层，第一层至第四层为包山而建，仅在南立面处设有供作储藏的房间。第五层中央为西有寂圆满大殿（措达努司西平措），即西大殿，是五世达赖喇嘛灵塔殿的享堂，是布达拉宫最大的殿堂，面积725平方米，内壁满绘壁画，其中，五世达赖喇嘛去京觐见清顺治皇帝的壁画最为著名。殿内达赖喇嘛宝座上方高悬清乾隆皇帝御书"涌莲初地"匾额。西大殿东侧为坐东朝西的菩提道次第殿，南侧为坐南朝北的持明殿，西侧为坐西朝东的五世达赖喇嘛灵塔殿，北侧为坐北朝南的达赖世袭殿和十三世达赖喇嘛灵塔殿。其中两座达赖喇嘛灵塔殿高度占红宫五、六、七三层。从第六层开始，红宫平面呈"回字形"，中央为天井、四周为围廊式的建筑。第六层不设佛殿，仅在回廊廊壁满绘佛像、历史人物、西藏历史故事及修建布达拉宫过程的壁画。第七层，除了回廊廊壁满绘的壁画之外，在回廊东侧为坐东朝西的时轮殿，东南角为坐南朝北的释迦能仁佛殿，南侧为坐南朝北的无量寿佛殿，北侧西端为坐北朝南的法王洞（松赞干布时期），北侧中部为坐北朝南的普贤追随殿，北侧东端为坐北朝南的响铜殿。第八层东侧为坐西朝东的弥勒佛殿，南侧中部为坐北朝南的殊胜三界殿，西南角为坐南朝北的长寿乐集殿，西侧中部为坐西朝东的上师殿，西侧北端为坐西朝东的七世达赖喇嘛灵塔殿，北侧中部为坐北朝南的圣观音殿和八世达赖喇嘛灵塔殿，北侧东端为坐北朝南的九世达赖喇嘛灵塔殿。红宫的第九层为7座金顶屋面。其中五世、七世、八世、九世、十三世达赖喇嘛灵塔殿的金顶为歇山式屋顶，圣观音殿和上师殿的屋面为顶部上置宝顶的六角盝式屋顶。红宫内供奉了从五世至十三世达赖喇嘛（不包括六世达赖喇嘛）八位达赖喇嘛的灵塔，其中十世达赖喇嘛灵塔和十二世达赖喇嘛灵塔位于五世达赖喇嘛灵塔殿内，十一世达赖喇嘛灵塔位于喇嘛世袭殿，其余五座达赖喇嘛灵塔均设有单独的灵塔殿。

园林区，即龙王潭园林区，位于布达拉宫北侧的红山脚下，是布达拉宫重要的组成部分。园林区呈不规则多边形，东西长600余米，南北宽200~300米左右，占地达15.5万平方米，园林中间为一潭湖水，名为"龙王潭"，湖水范围呈长方形，东西长270余米，南北长110余米，面积达3万余平方米。龙王潭中央有一座直径约40米的小岛，岛上为六世达赖喇嘛时期修建的三层楼台。

二、普陀宗乘之庙与布达拉宫比较研究

普庙是仿西藏布达拉宫修建，这种仿建不是生搬硬套，而是有所取舍，有所变化，是舍其细节，取其神韵的写仿，在功用性质、选址、布局、建筑等方面均有突出的体现。

（一）功用性质比较

1.布达拉宫的功用性质

布达拉宫主体建筑主要由雪老城、白宫、红宫三个部分组成。雪老城主要是法院、东西印经院、藏军司令部、作坊、马厩、供水处、仓库、监狱、僧舍、服务人员住宅等为宫廷服务的一些辅助性建筑设施；白宫，是达赖喇嘛的冬宫，也曾是原西藏地方政府的办事机构所在地；红宫，主要建筑为历代达赖喇嘛的灵塔殿和十余座佛殿。从布达拉宫三个重要组成部分的功用来看，布达拉宫是政治与宗教功用合一的群组建筑。7世纪中叶松赞干布时期的布达拉宫，是吐蕃王朝的政治中心，是上层统治者居住及实施政治统治的地方；1653年，五世达赖喇嘛由哲蚌寺迁住布达拉宫，甘丹颇章政权迁至布达拉宫，至此布达拉宫成为了历代喇嘛的冬宫。从布达拉宫的历史来看，布达拉宫在功用性质方面也具有政教合一的性质。

白宫和红宫是布达拉宫的主体建筑，为传统的藏族宗山建筑形式，其中东大堡、西大堡、地母堡、福足堡、凯旋堡、西圆堡、虎穴圆道、僧官学校、东圆堡等一些藏族传统碉楼式建筑，以及布达拉宫宽厚高耸的城墙均具有较强的防御性。故在这个层面上讲，布达拉宫是一组具有较强防御性的城堡式建筑群。

综上所述，从建筑功用性质方面来看，布达拉宫是一组政教合一且具有较强防御性的城堡式建筑群。

2.普陀宗乘之庙的功用性质

普庙为皇家敕建寺庙，虽然敕建普庙的目的具有较强的政治色彩，但是其本身仅仅是一座具有宗教性质的寺庙。另外，普庙的一些建筑，诸如圆白台、围墙以及宗山建筑形式的大红台等，虽然具有一些防御性的特征和功用，但是将这些建筑设计于普庙群组建筑中，并不是为了让这些建筑完全的实现其防御的军事功用，而是为了实现对布达拉宫的仿建。由此可见，普庙是一座以宗教功用为主导的寺庙。

3.功用性质比较

综上所述，普庙虽为仿建西藏布达拉宫的一座群体建筑，但是在功用性质方面与西藏布达拉宫相比，略显不同。布达拉宫是一组政教合一且具有较强防御性的城堡式建筑群，而普庙仅为一座皇家敕建的宗教性质的寺庙，仅具备了布达拉宫宗教方面的使用性质和功用。另外，普庙为"庙"，布达拉宫为"宫"，从字面上理解，也直观地反映了两者在使用性质和功用方面是有所不同的。

（二）选址比较

1.布达拉宫的选址

修建拉萨大昭寺时，精于历算的文成公主应尼泊尔尺尊公主之邀勘测建寺地址。文成公主对大昭寺以及西藏整个雪域高原的地形地貌进行了详细勘测和推算，《西藏王统记》载：

……汉妃公主遂展出八十种博唐数理及五行算图，详为推算有如是等：

知有雪藏土为女魔仰卧之相，卧塘湖即魔女心血，三山为其心窍之脉络，此地乃纯位于魔女之心上，应填平此湖，其上建修寺庙。此处尚有恶道之门，绕木齐下有龙神宫殿，当迎觉阿像安住于此，即能镇伏。鲁浦为黑恶龙栖息之处，若建神庙，即可夺取其地。西南方之达瓦泽，有一独干毒树，其下为鬼魅及非人之所聚居，当摧破之。由治吉浦谷，而至娘镇浦，为厉鬼经行之小道，当于河渠岸边，筑一大宝塔……若能如此，即附近地煞皆可镇伏矣。如上镇服一切地煞后，则诸功德瑞相，皆可同时圆满具足。如东方，则呈现梵塔形，此乃班柯贡瓦日山，南方呈现宝聚形，乃治之后山，西方呈现螺碗置于拱架形，乃堆隆丈浦山，北方呈莲花开放之形，乃格德拉浦山。他如娘镇潘迦山，其头如伞盖，墨竹后山，其眼如金鱼，洞卡岩山其舌如莲花，治之冰川，其声如海螺，宗赞之山，其颈如宝瓶，玉玛之山，其心如吉祥结，潘加之山，其身如幢幡，堆隆丈浦之平川，其手足如轮辐。诸如是等乃具足八吉祥置相也……又东方为白虎，即下格木洞，南为青龙，即恩摩曲河，西为朱雀，即泛岩之扎马德乌洞，北为玄武，即娘镇颇章卡。然后始修建镇压女魔仰卧之肢体，及诸肢节之十二神庙，是则名为十二不移之钉……以上诸庙宇应早期修建，纵不能完成，亦应先为垒土。如是遵行，则汝修建庙宇应无障碍，而天现八幅轮，地呈八瓣莲，旁出八吉祥征相……[1]

由上述历史文献可知，当时寺庙的选址颇为讲究。上述文献资料中所谓的"三山"是指拉萨平原突起的三座魂山，一是芒波日山，即布达拉宫所在的红山，是为观世音菩萨的魂山；二是夹波日山，在布达拉西南，俗称药王山，是为金刚持的魂山；三是邦瓦日山，在夹波日山之西，俗称磨盘山，是为文殊菩萨的魂山。由此可以推断布达拉宫的选址也是经过精心测算的，另外文献中关于青龙、白虎、玄武、朱雀的记载，说明传统的风水学思

---

① 索南坚赞著，刘立千译注：《西藏王统记》，民族出版社，2000年，第78页。

想也是影响当时西藏建筑选址的重要因素之一。

2.选址比较

在本书的第二章第一节已对普庙的选址进行了较为详细的论述，普庙的选址主要受到的是传统风水学的影响，而西藏布达拉宫的选址不仅仅遵循了传统选址思想，在很大程度上还受到藏传佛教义理的影响，这是两者在选址方面最大的不同。

（三）整体布局比较

1.整体布局方面"仿建"关系的体现

在整体布局方面，普庙主要由前院、中院、后院、大红台群体建筑四个部分组成，其中前三者为普庙的藏式白台建筑群，其模仿原型为布达拉宫的雪城区，大红台群体建筑的模仿原型为布达拉宫的宫室区，普庙的仿建抓住了布达拉宫的基本布局特点和关键的建筑内容。

布达拉宫的雪城区，主要是指宫墙内的山前藏式碉楼建筑，主要为一些世俗性的具有服务性的平顶藏式建筑。普庙大红台前的藏式白台建筑群是对布达拉宫雪城区的模仿：装饰红色盲窗的白台平顶建筑，平面布局变化多样，有方形、矩形、曲尺形等，白台建筑随着地势的起伏自由灵活分布。这与布达拉宫雪城区的建筑外观样式和分布特点极为相似。普庙的藏式白台建筑群的建筑数量、规格、分布位置等与布达拉宫雪城区的平顶藏式建筑虽然略有不同，但是在模仿营建设计中抓住了雪城区建筑的基本样式和分布特点，很好地建立了"模仿"关系。

布达拉宫的宫室区，主要由白宫和红宫并联组成。普庙大红台群体建筑为模仿布达拉宫宫室区而建。大红台之下的大白台象征布达拉宫宫室区的晒佛台，大红台群楼象征红宫，御座楼群楼象征白宫，位于群体建筑西侧的千佛阁为模仿宫室区西侧白色僧房，东侧的"文殊圣境"殿象征进入红宫的门楼，哑巴院象征进入白宫的门楼，东护坡原存的坐东朝西的三层楼和哑巴院下突出于大白台的平台象征东大堡和山下的南大堡，"慈航普渡"殿和"权衡三界"殿两座金瓦顶建筑象征五世达赖灵塔和圣观音殿[①]。

---

① 杨煦先生在《重构布达拉——承德普陀宗乘之庙的空间布置与象征结构》一文载："乾隆帝在乾隆十三年（1748）曾派两名官员、一名画师、一名测绘师至布达拉宫测绘临摹，这是目前所见乾隆帝对布达拉宫建筑关注行为的唯一记载，尽管当时技术手段必然无法做到工程级测绘，但这却是布达拉宫作为普陀宗乘之庙原型的最可能依据，故本研究以1748年的建筑状态为基准。考察布达拉宫修建史可知，普陀宗乘之庙仿建所依的应是乾隆十三年（1748）所对布达拉宫测绘临摹的图纸，考察布达拉宫修建史可知，当时主体建筑上尚无今天的七、八、九和十三世达赖灵塔殿及金顶、上师殿金顶。红宫顶部只有五世达赖灵塔殿和圣观音殿的两座金顶，白宫则缺少东日光殿。"《建筑学报》2014年Z1期，第128~129页。

2.整体布局方面"仿建"关系中的变化

在整体布局方面，两者也存在着很大的差异性。

第一，布达拉宫主要由雪城区、宫室区、园林区三个部分组成，而普庙主要由藏式白台群（象征雪城）、大红台（象征宫室区）两部分组成，并没有单独专门的划定一片区域来设计仿建布达拉宫的园林区。但是，普庙并不是完全地将园林这一部分舍弃，而是如前文在普庙园林化特征一节所讲，将传统园林造景艺术手法应用到了大红台前的藏式白台建筑群中。普庙并未将布达拉宫单独的园林区纳入仿建的范围之内，笔者认为原因有三：一，从普庙所处的周边地理环境来看，其北侧山峦延绵起伏，不具备营建如布达拉宫园林区规模的地理环境条件；二，普庙是一座寺庙，宗教功能是其主要功能，单独的去营造一个园林区，并没有多大的实际功用；三，布达拉宫的园林区位于红山山体北侧，较为"隐蔽"。仿建布达拉宫的普庙，将园林区舍去，并不影响其整体的仿建效果。

第二，布达拉宫山下雪城的横向尺寸远大于纵向深度，而普庙大红台前的藏式白台群的南北纵向深度远大于东西横向尺寸，两者正好相反。另外，布达拉宫山下雪城，白台建筑星罗棋布，分布较为随意，没有明显的中轴线，但是普庙的藏式白台建筑群，分布看似较为随意，但是从南正门至大红台下有着明显的轴线，且在南北纵向分布上，在五塔门和琉璃牌楼的两侧施加围墙，形成闭合性的院落，增强了普庙藏式白台建筑群部分的南北纵深感，同时也减轻了白台建筑随意分布给人视觉上带来的杂乱无章之感。

第三，普庙的藏式白台建筑群与其所仿建的布达拉宫的雪城区相比，普庙的"雪城区"是由前、中、后三个院落组成，而布达拉宫"雪城区"并没有院落之分。普庙的前院和中院之间是以五塔门和其东西两侧的围墙为节点，中院和后院之间是以琉璃牌楼及其东西两侧的围墙为节点，这两处节点将普庙藏式白台建筑群一分为三。如果按着围墙所围合的区域来讲，前院、中院东西横向尺寸大于纵向尺寸一半之多，后院的东西横向尺寸和南北纵向尺寸相差较小，但横向尺寸也是略大于纵向尺寸。普庙"雪城区"三个院落的平面特点与布达拉宫"雪城区"东西面阔尺寸大于南北纵向尺寸的特点正好相符。通过应用传统的院落式布局手法，将普庙"雪城区"一分为三，在一定程度上缓解了普庙"雪城区"总纵深尺度大于东西面阔尺度的视觉冲突感，使得每个院落的闭合空间与布达拉宫"雪城区"更为接近。这种在"仿建"关系中"反其道而行之"的设计营建理念充分体现了当时营造者的智慧。

第四，拉萨布达拉宫的宫室区位于孤山山顶，从山脚到山顶建筑顶部高约100多米，东西长度360多米，外观为13层；而普庙的"宫室区"是建在较缓的山坡之上，北依一小山包，为传统建筑中的建筑群后加靠山的布局做法，东西长约150多米，高40多米，在建筑布局和尺度上远不如布达拉宫。正如杨时英先生在《承德普陀宗乘之庙与西藏布达拉宫》一文中所言："在布达拉宫前看布达拉的印象是：在庞大的宫城上面，红山为座，山顶建筑群包住整个山头，如从岩石上长出拔山而起，直入蓝天，气势磅礴；而普陀宗乘之庙气势稍逊一筹，围墙上的主体建筑群，是有高耸入云之势，但却没有布达拉宫的磅礴壮观。"①造成这样的差异，除了与普庙营建的地理条件有关之外，两者之间为"仿建"关系以及敕建普庙主导者的地域文化、政治目的也是造成两者差异的重要原因。普庙与布达拉宫之间是仿建的关系，正因为是仿建，就没有必要方方面面完全一致，只要仿建的结果可以满足其政治、宗教目的即可。普庙的敕建者为清朝中央政府，传统的建筑营造理念难免会渗入到"仿建"设计中，普庙没有像布达拉宫红宫坐落于山巅之上，而是采取了北依靠山的做法，这与传统风水理论中"负阴抱阳"的理念不无关系；普庙大红台没有布达拉宫红宫高耸壮观，与传统建筑营建理念中"大壮"与"适形"思想也有一定的关系②。

（四）单体建筑比较

1.单体建筑方面"仿建"关系的体现

普庙和布达拉宫之间的仿建关系不仅体现在建筑群体的整体布局方面，还体现在单体建筑的营建设计方面。在普庙的营建设计中，对布达拉宫关键部位的单体建筑形式和色彩等进行了着重模仿。

首先，布达拉宫为具有较强防御性的城堡式建筑群，其高大厚实的围墙，东、南、西三座城台门楼以及东西角楼，是城堡建筑防御性特征的充分体现。普庙作为一座宗教性的建筑群体，为达到仿建之效果，在围墙、门楼及角楼方面做出仿建，虽然体量、规模不如布达拉宫，但是这一模仿营建设计，使得只具备宗教功用的普庙的前半部分也具备了城堡式建筑的防御性特征。在这里特别需要说明的是，普庙的东南角和西南角白台，两者均为露天空心白台，但是在角白台四面厚实的围墙上并未开设有进入白台内部的入口，在角白台天井内部也未设置登上白台墙体顶部的台阶或施用其他辅助设施的痕迹，另外其两侧的围墙为垛口墙，墙体顶部并未设有供人行走的马道，且从围墙顶部至角白台顶部的高度接近3米，从围墙顶部之上至角白台顶部亦不可能。由此可见，东南角和西南角两座空心露天白台的营建设计，完全是对布达拉宫角楼的模仿，是对"仿建"关系的迎合，并不具备实际的防御性功用；另外，将其营建为空心，或许也是出于对材料、人工费用的考虑。在

① 杨时英：《承德普陀宗乘之庙与西藏布达拉宫》，《西藏研究》1987年第4期，第106页。
② 王贵祥在《东西方的建筑空间——传统中国与中世纪西方建筑的文化阐释》一书对中国建筑营建理念中的"大壮"与"适形"思想有详细论述，百花文艺出版社，2006年，第321~335页；本章第二节"建筑形式对比"一节对"大壮"与"适形"营建思想在普庙中的体现进行了详细论述，在此不做展开论述。

普庙中，诸如此类的建筑还有很多。例如圆白台、三塔水门等。圆白台位于大红台群体建筑的西侧，并未有什么实际功用，完全是对布达拉宫西大堡西端半圆形碉楼的模仿；三塔水门，位于西旱河的南端，为一座底部开有三孔券洞水门、顶部施置三座喇嘛塔的实心白台建筑，故名为三塔水门。在传统建筑的营建理念中，不论是单体建筑还是群体建筑，左右对称是最为讲究的营建设计理念。以此据推，在东旱河的南端也应该有一座三塔水门，但是在东旱河的南端与围墙相交之处，并未建有诸如西旱河的三塔水门，而是仅在围墙之下设三孔供水流出的券洞，并未与西旱河三塔水门形成对称之势。这样不讲求对称的营建设计理念，在其仿建原型布达拉宫可以找到如此设计营建的缘由。在拉萨红山与药王山之间有三座称为"巴嘎噶林"的白色喇嘛塔，这三座白喇嘛塔位于拉萨布达拉宫的西南侧，应是普庙三塔水门的仿建原型。在布达拉宫的东南处并未有喇嘛塔，这应是普庙东旱河不建三塔水门之缘由。由此可见，在对布达拉宫的仿建设计中，为达"模仿"之效果，部分单体建筑营建设计打破了中国传统建筑对称分布的营建设计理念。

其次，在建筑色彩上，两者具有很大的相似性。布达拉宫建筑的主要色彩为白和红两种颜色。普庙建筑的主导色彩亦然，但是，或多或少也加入了一些布达拉宫建筑中所没有的色彩装饰。诸如南正门、碑阁、五塔门以及大红台群组建筑中券门内的墙面及券顶均用包金土浆刷饰成黄色，这在布达拉宫中是没有的。黄色，是中国封建社会法定的尊色，是皇权的象征，将象征皇权的黄色刷饰于建筑的券门内部，一方面没有影响到对布达拉宫主导色彩的写意模仿，另一方面也是对至高无上皇权思想的含蓄表达，这无疑是宗教和皇权在建筑色彩营建设计方面相互包容、相互妥协的表现。除此之外，普庙与布达拉宫之间的"仿建"关系还在单体建筑的细部特点上有所体现，诸如前文所提及的普庙单体建筑上女墙、盲窗等方面的写意模仿。

2.单体建筑方面"仿建"关系中的变化

普庙的单体建筑与布达拉宫单体建筑相比，又有所不同。

首先，加入了一些富具传统建筑风格的建筑。其中最为明显的是位于前院和中院中轴线上的碑阁、琉璃牌楼两座单体建筑，这两座传统建筑，是传统建筑群体布局中两座重要的节点建筑，将这两座单体建筑设计营建于普庙的中轴线上，在某种程度上应该是对"皇权至上"的表达和昭示，这种营建思想客观上使得传统和藏式两种不同建筑风格在普庙中碰撞。但是，营建于碑阁和琉璃牌楼两座单体建筑周边众多错落有致的藏式白台建筑，使得这种碰撞并没有对寺庙的藏式建筑风格造成严重影响。

其次，与布达拉宫相较，普庙除加入了一些传统建筑之外，还加入了一些布达拉宫没有的藏式白台建筑。其中最为明显的是五塔门、东五塔白台、西五塔白台三座单体建筑。五塔门位于前院和中院的节点，是中轴线上由南至北的第三座单体建筑，位于碑阁和琉璃牌楼两座传统建筑的中间，这样的位置在一定程度上削弱了两座传统建筑对寺庙整体藏式建筑风格的影响，同时也加强了前、中院总体布局的轴线感。东五塔白台和西五塔白台位于后院中间甬路的两侧，虽然两座建筑及甬路两侧的其他白台建筑不是严格的对称分布，但是由于两座建筑的风格和外观样式几近一致，在一定程度上起到了"提领"各自所在的白台建筑群的作用，强调了后院白台建筑以甬路为轴线的对称分布。从大白台或大红台向南望去，后院是由以中间甬路为轴线的东、西两组白台建筑群所组成的。两座五塔白台的设计营建，在很大程度上减弱了后院白台建筑分布的杂乱无章之感。

（五）建筑材料、结构、工程做法、内部陈设等方面的比较

1.建筑材料方面

在建筑材料方面，两者存在着很大的差异。"布达拉宫为石、土、木混合结构，外围一周石墙或土墙，中央是天井，周围有群楼，为平顶、厚墙、碉楼形式"①。普庙的建筑材料主要为砖、石、土、木四种，与布达拉宫相比较，多了砖这一项材料。在普庙中，砖主要用来砌筑墙体，另一个用途是用来铺墁地面或建筑的顶面。另外，普庙虽然也有石、土、木三种建筑材料，但是在材料的形式和应用方面与布达拉宫有着很大的区别。布达拉宫的石料，为当地的片石，主要用来砌筑宽厚的墙体，而普庙的石料，为当地的鹦鹉岩和红砂岩，人工加工痕迹明显，大部分为较为规整的条石，主要用来砌筑踏跺、台基等。布达拉宫的土主要有三种，它们是砌筑土墙的黄土、内墙抹面的巴嘎土、夯打地面及平顶屋面的阿嘎土。而普庙的建筑土主要为黄土，主要有两种用途，一种为回填实心台体的台心，另外一种就是将黄土与白灰、红灰等材料混合，用来砌筑砖墙、石墙，或者是做成麻刀泥抹饰墙面等。布达拉宫的木料，品种较多，"根据布达拉宫一期维修工程所用木材情况，并通过咨询古建专家级老木匠，西藏的古建筑地垄内木构件一般用沙棘木；宫殿内的梁和椽子一般用西藏红杉和杨树；殿内柱子通常使用柏木、藏青杨、云冷杉；替木等常用桦木；各殿堂装饰木雕均为杨树，特别是银白杨；古建筑内地板常用核桃木和柏木"②。根据普庙本次维修勘察，普庙所用的木材主要为落叶松、红松、樟松、油松等一些松科木料，这些木材大多取于承德围场。普庙建筑的柱梁檩等大木构件及望板一般使用落叶松，部分建筑的梁架构件也有使用油松的，但相对较少；建筑的门窗装修大多使用的木料为红松，建筑中的椽子一般使用樟松、落叶松和红松，其中檐部翼角飞椽大多使用红松。

① 姜怀英等编著：《西藏布达拉宫修缮工程报告》，文物出版社，1994年，第83页。
② 小德央：《布达拉宫、罗布林卡、萨迦寺保护维修工程中木材选用及防腐防虫问题研究》，《西藏科技》
　2009年第6期，第69页。

油松，在清代档案中称为"黄松"①，普庙"万法归一"殿、"慈航普渡"殿、"权衡三界"殿的斗栱均为油松。总观普庙所用的木料，与布达拉宫相比，较为单一，但是所选取的木料承重、抗变形等性能较高，其木料的加工也较为规整精细，在椽子上表现尤为突出，普庙的椽子正直规整，而布达拉宫的椽子则较为粗糙，规格大小不一，顺直度远不及普庙。两者在木料选用方面的差异，与各自所处的地域有关，布达拉宫地处西藏高原，木材较少，故受到了很大的限制，普庙地处承德，邻近围场林区，有着优越的地域优势。另外，普庙乃清朝统治者敕建的皇家寺庙，在财力和木材的选用、调度方面有着得天独厚的条件。

2.建筑结构

第一，建筑承重结构方面，两者也存在着很大的差异性。

布达拉宫的建筑基本上是土、石、木混合结构，主要的结构形式有"墙体承重结构"和"墙柱混合承重结构"两种。墙体承重结构，主要用在面积较为狭小的碉楼和附属建筑上，诸如东圆堡、虎穴圆道等建筑及大部分建筑的地垄做法。其具体做法是用通长的梁和檩条架设在墙体上，构筑楼层或平顶屋面，建筑顶部的荷载通过梁、檩传到墙上。墙柱混合承重结构，是布达拉宫最基本的结构形式，大部分建筑为墙柱混合承重结构，其具体做法是在建筑的外围砌筑宽厚墙体，建筑内部立柱，大梁面阔方向铺设于外围墙体和内部柱子之上，檩条进深方向铺设于大梁和面阔方向的墙体之上，椽子面阔方向铺设于檩条之上，椽子之上为楼层或平顶屋面。其中进深方向的外墙和建筑内部柱子负荷大梁所传下来的负重，面阔方向的外墙和建筑内部的柱子负荷檩条所传下来的负重。这种结构使得建筑外墙和内部柱子同时承重，简而言之，墙柱混合承重结构，是将传统木结构建筑的墙体内部承重的立柱舍去而直接用建筑外围墙体来负载屋面重量的一种建筑结构，这种承重结构，木结构和内外墙体都是建筑的主要承重对象，这与传统建筑以木结构承重为主、墙体仅起维护和隔断作用的结构特点有着明显的区别，并不具备"墙倒屋不塌"的承重结构特点。

普庙的承重结构，主要有大木承重结构和台体承重结构两种。大木承重结构，是普庙乃至中国传统建筑最为基本的一种承重结构，具体做法为墙体内部和建筑内部立柱，大梁进深方向置于柱子之上，檩条面阔方向铺设于大梁上，椽子进深方向铺设于檩条之上，椽子之上为屋面负重，这种结构，负载屋面负重的主要为大木结构，而墙体只是起到维护和隔断建筑室内空间的作用，并没有承重功能，这与布达拉宫"墙体承重结构"和

---

① 《清宫热河档案》记载"万法归一"殿斗栱为"黄松"做成（第2册，第299页）；在此次维修施工中，经有经验木匠师傅勘认，"万法归一"殿斗栱木料为油松，故可印证"油松"即为档案中所载的"黄松"。

"墙柱承重结构"有着明显的区别。在普庙的众多白台建筑的天井式院内，建有众多的传统平顶、坡顶建筑，这些天井式院内的建筑大部分是依白台宽厚墙体而建，即以空心白台的宽厚墙体作为建筑的后檐墙或山墙，并在这些宽大厚实的墙体内侧立柱，通过墙体内部的立柱和建筑内部的立柱来承托屋面负重，并没有采用布达拉宫"墙体承重结构"或"墙柱承重结构"的形式。在本次修缮中，发现众多建筑的山面立柱所承托的大梁和后檐部分立柱之间的檐枋大多是内嵌于墙体之中，其下皮紧贴墙体顶面，看似墙体有承重之嫌，但实际情况并非如此。造成这种情况，其实是由于建筑所依靠的后檐墙和山墙大部分高于屋面高度，这样就在建筑的山面和后檐部分形成天沟，由于天沟排水不畅，使得大梁和檐枋均出现整体弯曲下沉、榫头严重糟朽的现象，最终依托了其下部的墙体顶面（图4-3）。从山面横向铺设大梁和后檐面阔方向铺设檐枋的结构特征来看，建筑依然是大木承重结构，故普庙中凡是有梁架结构的建筑均为大木承重结构。台体承重结构，是普庙另外一种基本的结构形式。这种结构基本做法是将一些木结构建筑、佛塔等建在高大的实心台体之上，高大的实心台体在建筑功能上相当于布达拉宫建筑下部的"地垄"，即

图4-3　中院西3号白台梁架与墙体

（来源：自摄）

"实心"式的地垄；在建筑形式上相当于传统建筑中的城台，其与传统建筑的台基部分也较为相似，只不过是体量较为高大。普庙中的前院东白台殿、中罡殿、后院东白台殿等建筑均涉及了台体承重结构。

第二，建筑内部空间结构方面，两者也存在着很大的差异性。

以普庙"雪城区"的藏式白台建筑为例。在普庙"雪城区"，不论是空心白台还是实心白台，外观与布达拉宫雪城区的藏式碉楼建筑几近相似，但内部结构却有很大的不同。藏式碉楼，一般高三、四层，可以抵挡外敌入侵，其高耸的建筑形式具有很强的军事防御功能。普庙的空心白台的墙体虽然高耸且宽厚，但是墙体并没有起到承重的作用，而是承担了建筑院墙的功用，在白台式的天井院内，施建传统的坡顶建筑。实心白台，其台体四周包砌的砖墙，承担的作用是围合实心台体，在其所围合的实心台体顶部，施建塔或木结构式的屋殿建筑；用青砖包砌的实心台体，起到的作用是承托其顶部建筑，在建筑形式上模仿高耸的藏式碉楼，并没有实际的使用功用。由上所述，普庙的白台建筑与布达拉宫"雪城区"的建筑相比，外观虽然几近相似，但是内部结构却发生了很大的变化。由于建筑的地域不同，藏式碉楼的军事防御功能在普庙中已不再需要，但是由于普庙是对布达拉宫的仿建，故仅对藏式碉楼建筑的外观形式做出模仿，而在内部及顶部做出变化，施建传统建筑。从某种程度上来讲，普庙的"藏式碉楼"是西藏碉楼外在形式和传统建筑的结合体。这样的营建设计，一方面很好地完成了对藏式碉楼建筑的模仿，另一方面使得建筑本身也适应和满足了本区域的使用需求，充分体现了设计者的独具匠心。

另外，普庙的大红台群体建筑，与仿建蓝本布达拉宫宫室区相比，在建筑整体结构方面也发生了很大的变化，根据模仿关系及建筑的实际功用，普庙在"仿建"关系中进行了合适的取舍。首先，普庙"宫室区"内部的建筑内容比较简单明了，省去了很多内容，诸如布达拉宫宫室区内部众多的灵塔殿、佛殿等。其次，普庙"宫室区"也省去了一些特殊的内部结构，诸如"楼脚屋"。在内部结构方面，"'楼脚屋'（俗称地垄），是布达拉宫建筑结构上的一个重要特点。为了通风防潮，大约从明代开始，藏式建筑中出现了楼脚屋的做法。先在地基上纵横起墙，铺筑椽木，铺筑地面，其上建房。一般建筑的楼脚屋仅有一层，而布达拉宫由于建在陡峻的红山上，许多殿堂从山脚起基筑墙，楼脚屋最多的深达八层，30余米"[①]。普庙在仿建过程中，完全舍弃了"楼脚屋"的结构做法，继以实心基座替代。但是普庙并不是完全舍弃对布达拉宫宫室区内部结构的模仿，而是仅对其内部的关键部分的主要结构形式进行了模仿，诸如大红台群楼和御座楼群楼"都纲式"的建筑形式。

---

① 姜怀英等编著：《西藏布达拉宫修缮工程报告》，文物出版社，1994年，第83页。

3.工程做法

在工程做法方面，两者也存在着较大的差异。主要表现在建筑地面（顶面）、墙体、大木构架、屋面等方面。

地面（顶面）做法 布达拉宫大部分建筑的平顶屋面和地面为"阿嘎土"地面。阿嘎土，藏语名称，是指高原温带半干旱灌丛草原植被下形成的土壤，在西藏地区，主要储藏在一些半土半石的山包的上部1～2米厚土层中，其主要成分是碳酸钙。布达拉宫地面的具体做法是将大块的阿嘎土捣碎成大小不等的颗粒，按从粗到细的顺序边浇水边进行分层夯打，直至表面平整光洁，然后涂抹天然胶类及油脂增加表层的抗水性能。在日常保养时，经常使用羊羔皮蘸酥油进行擦拭，使夯制的表面光洁如初。在夯打阿嘎土层的过程中，工人排成一排，边唱边夯，场面颇为壮观。布达拉宫平顶屋面的具体做法是在椽子铺设的劈柴和短木之上先铺设一层鹅卵石，之后再铺设一层泥土，将泥土踩踏结实后再做阿嘎土顶面，具体做法同地面。阿嘎土是西藏藏式建筑屋顶和地面普遍采用的传统材料，夯制出来的阿嘎土地（屋）面既美观、又光洁，具有浓郁的民族特色。普庙建筑的地面和台体顶面的做法均为青砖铺墁，坡顶建筑的屋面为瓦面做法。这与布达拉宫建筑的地面和平顶顶面的做法有着明显的区别，与阿嘎土做法相比更为坚固，经济适用。当然，普庙选用青砖墁地和瓦面屋面的做法，坚固、经济实用并不是主要考虑的问题，而是在"仿建"设计营建过程中"因地制宜"、"入乡随俗"的施建结果。

墙体做法 布达拉宫的建筑墙体，从墙体建筑材料分类，主要有石墙、夯土墙、桎柳编筭墙、牛粪泥坯墙和边玛墙五种。石墙，是布达拉宫中建筑外墙的主要建筑形式，主要由块石、片石、碎石和湿土垒砌而成。夯土墙，主要为建筑地垄墙、内部隔断墙的主要做法。桎柳编筭墙主要为红宫隔断墙的主要做法，具体做法为墙体中间竖立木骨架，两侧贴靠竖向的桎柳束，然后在外抹灰成墙。牛粪泥坯墙，主要为天窗阁后壁和左右侧壁的做法，其为用牛粪和黏土混合制坯，然后用黄泥垒砌而成。边玛墙，是藏式建筑墙体最富具民族特色的部位，是地位、权利、等级的象征，具有很好的装饰效果。关于其具体做法，前文已述。布达拉宫的边玛墙大多位于建筑外墙顶部靠外侧的一面，根据建筑在布达拉宫中的地位和等级，可以铺设多层边玛墙。边玛墙上一般装饰有日月星辰和铜皮鎏金的各式图案，其顶部为短小的盖顶木椽，再上用石板和阿嘎土做墙帽封檐。普庙的墙体主要为青砖砌筑，按照墙体的具体形式可以分为两种，一种为砌筑白台建筑的墙体，这种墙体为青砖糙砌，墙体外侧抹灰刷白浆，而墙体内侧仅用青灰勾抹砖缝，不做抹灰刷浆；另一种为建筑墙体顶部的女墙，其具体做法为砖砌墙身，外饰红灰、红浆，墙体顶部用青砖和瓦件做兀脊墙帽。其在外观上与布达拉宫边玛墙极为相似，是对布达拉宫边玛墙外在形式上的模仿。

大木构件做法　两者之间也有着明显的区别。布达拉宫的柱子主要有方形、多边形、亚字形和梅花形等。一些粗大的柱子一般是由多根木料拼镶而成，诸如亚字形柱子是由一根截面较大的方柱和其四面所拼镶的方柱组合而成；梅花柱是由五根圆柱组合而成，具体做法同亚字形柱子。建筑柱头部位的做法是布达拉宫藏式建筑木结构的又一个重要特点。布达拉宫建筑的柱头部位，一般施用大斗、垫木和弓形肘木[①]，以此承托大梁。"梁与椽子之间则用繁缛而定型化的白玛（莲花）、却扎（象征经书的雕饰）和层数不等仅具装饰作用的方椽加以过渡"[②]，柱子与椽子之间的过渡部分是布达拉宫建筑大木部分的主要装饰部位。除此之外，布达拉宫柱头部位还有斗栱的做法，斗栱结构大部分出现在灵塔殿和金顶的柱头部位。姜怀英先生在《西藏布达拉宫修缮工程报告》中对布达拉宫建筑中斗栱结构的特点做出如下总结："灵塔殿和金顶施用了斗栱结构，但斗栱结构的形制和做法与明、清时期内地建筑上的斗栱有较大区别。如五世、八世达赖喇嘛灵塔殿上层柱头上均用坐斗承托纵横交叉的重翘斗栱。五世达赖喇嘛灵塔殿还用了双翘并列的斗栱形制，翘上直接承受纵横的大梁或环梁。没有正心枋和拽枋，'斗口'尺寸也大小悬殊，与整个建筑没有模数比例关系。金顶檐下的斗栱仅作出外拽的翘、昂，内拽只是一层层规正的枋子和'三才升'。八世、九世达赖喇嘛灵塔殿和帕巴拉康金顶外拽斗栱为重翘和三翘形式，五世达赖喇嘛灵塔殿金顶斗栱为外拽出三昂作法。此外，红宫白玛草檐墙下面还有一层四周交圈的承檐斗栱。此类斗栱由墙内挑出长23厘米的翘，翘上施'三才升'承厢栱，厢栱上并列三斗承托挑檐枋和檐樽，翘宽19.5厘米，高18.5厘米，厢栱长93厘米。"[③]普庙中建筑的大木均为抬梁式结构，大木构件的具体做法较为简单，柱子以圆柱为主要形式，柱头部分的做法也较为简单，基本为檩、垫、枋三件，加以油饰和彩绘。在碑阁、"万法归一"殿、"权衡三界"殿、"慈航普渡"殿等一些重要建筑的柱头部位使用斗栱，斗栱结构有单昂单翘五踩斗栱、双昂单翘七踩斗栱、双昂双翘七踩斗栱等，斗栱结构及形制均为清代官式做法，有明显的"斗口"模数制。

综上所述，普庙大木构件的做法与布达拉宫相比，具有较强官式做法的特点，缺少了藏式建筑风格特征；另外，布达拉宫的一些重要建筑虽然使用了斗栱结构，但是官式"斗口"模数制并没有在建筑中体现，内地的"斗口"模数制并没有成为布达拉宫藏式建筑营建的"法式"，这是在此需要特别说明的一点。

---

① 弓形肘木，是姜怀英先生在《西藏布达拉宫修缮工程报告》中对类似于中国传统建筑中"雀替"的一种构件的称谓。此木构件的做法为使用暗销相连上下构件和大梁，其长度几近占柱网中距一多半以上，从构建的具体做法和尺度方面与雀替有着明显的区别，故不将其归于替木。基于以上原因，姜怀英先生将其称为"弓形肘木"。《西藏布达拉宫修缮工程报告》，文物出版社，1994年，第31页。
② 姜怀英等编著：《西藏布达拉宫修缮工程报告》，文物出版社，1994年，第83页。
③ 姜怀英等编著：《西藏布达拉宫修缮工程报告》，文物出版社，1994年，第83-84页。

屋面做法 在屋面做法方面两者也存在着一定的差异。布达拉宫的屋面形制主要有平顶和金顶屋面两种，平顶屋面的做法为阿嘎土顶面；金瓦屋面的鎏金瓦件，主要分为板瓦和筒瓦两种，板瓦呈方槽形，可与屋面平贴，筒瓦为半圆筒状，瓦径较小，骑扣在板瓦缝上的半圆木胎之上。普庙屋面大部分为坡顶，主要有青瓦屋面、琉璃瓦屋面和金瓦屋面三种。一些不太重要的建筑，诸如空心白台内所营建的一些僧舍、东罡殿、西罡殿等建筑均为青瓦瓦面，主要有筒瓦和干搓瓦两种屋面做法；琉璃瓦屋面均为筒瓦屋面，诸如碑阁、琉璃牌楼等建筑；金瓦屋面上的瓦件主要为鎏金鱼鳞铜瓦，诸如"万法归一"殿、"权衡三界"殿、"慈航普渡"殿三座金瓦顶建筑。

4.建筑内部格局、细部装饰及内部陈设等方面

在建筑内部格局方面，普庙与布达拉宫相比较为简单整齐，例如普庙大红台群体建筑，并没有布达拉宫"宫室区"错综复杂的内部格局，相比之下，内部格局较为规整、简单。在建筑细部的处理上，普庙并没有采用布达拉宫华丽繁缛的雕刻和彩绘，在建筑的柱头部位表现尤为明显（图4-4）；另外在建筑门窗装修上，普庙"万法归一"殿、东罡殿、西罡殿、"权衡三界"殿、"慈航普渡"殿、大红台群楼、御座楼群楼等建筑基本上采用了传统门窗的形式，这与布达拉宫有很大的区别。在内部陈设方面，普庙建筑的内部陈设大多是一些佛像、画卷、经卷等，陈设物品的种类和数量与布达拉宫是无法相比的；壁画是布达拉宫建筑墙体内侧装饰的主要题材之一，但普庙建筑墙体内侧很少绘有壁画，就目前现存建筑状况，仅发现"万法归一"殿的槛墙内侧绘有一些图案。现图案斑驳脱落，所绘内容不详。

图4-4 普陀宗乘之庙、布达拉宫柱头细部装饰

（来源：自摄）

第二节

普陀宗乘之庙与18世纪
下半叶欧洲建筑比较研究

普庙是以西藏布达拉宫为蓝本仿建的一座宗教建筑，在建筑形式、结构等方面的仿建设计手法，都是非常成功的；另外一方面，普庙是清朝统治者"兴黄教，即所以安众蒙古"政策下的产物，在一定的时期内，很好地完成了统治者所赋予的政治宗教职能。普庙，营建于18世纪下半叶，而此时的西方，随着启蒙运动达到高潮，进入了资产阶级革命时期，受当时政治宗教思想的影响，各国建筑发生了急剧的变化，建筑的形式、结构无不体现着时代的烙印。在这一时期，以法国、英国、俄国的建筑思想最具代表性。本节拟从建筑的形式、功能以及建筑技术等方面，将普庙与同时期的法、英、俄等欧洲国家的建筑进行对比分析，从世界建筑史的范围来看普庙的建筑成就。

一、建筑形式方面

（一）普陀宗乘之庙的建筑形式

普庙，为仿西藏布达拉宫修建的一座皇家寺庙，藏传佛教建筑风格是寺庙建筑的主要风格。将地处西藏高原的布达拉宫仿建在承德，由于地域、气候、生活习性等方面的差异，原建筑结构和功能不可能完全和承德地区相适应，在营建的过程中不得不做出相应的调整。诸如普庙的众多藏式白台，墙体顶部做女墙以象征边玛墙，墙面所装饰的毫无建筑结构功用的红色盲窗，将传统建筑施建于空心白台之内等，在很大程度上改变了布达拉宫藏式白台建筑的结构和功能。但为了达到最佳仿建效果，建筑原型的外在形式在仿建过程中得到了很好的尊重和重视。另一方面，由于普庙的施建者为中央集权的清朝政府，在很大程度上，普庙的外在形式也受到了传统建筑营建思想的影响，诸如轴线布局思想、园林艺术思想等。综上所述，普庙的营建，并不是简单机械的纯粹模仿布达拉宫建筑的外在形式，而是在西藏布达拉宫原建筑的基础上，加入了传统建筑的营建思想，但传统营建思想的加入是以不影响、不改变原建筑整体外在形式为前提的。普庙的营建，充分体现了我国建筑思想"兼容并蓄"的特点。

（二）西方建筑的建筑形式

18世纪下半叶，启蒙运动高涨。启蒙运动强调"理性"，认为理性的社会应该是"人人在法律面前一律平等"的社会，在这样的理性社会下，公民有权利自由地处理私有财产和表达思想，这与17世纪唯理主义所谓的"理性"有着明显的区别。17世纪的"理性"主张君主是社会理性的体现者，拥护封建专制制度。18世纪下半叶，在启蒙运动的大背景下，建筑理论和创作也迅速地发生了很大的变化，"启蒙主义的建筑理论核心，也是批判的理性。但这理性已经不是古典主义者标榜的先验的几何学的比例以及清晰性、明确性等等。建筑的理性是功能、是真实、是自然。建筑物上的一切都要辨明它存在的理由，不管它是希腊人还是罗马人用过。这是勇敢地挑战，是只有在历史的大变动时代才能有的思想大解放"[①]。在这样的建筑理论影响下，建筑创作发生了革命性的变化，建筑的外在形式也随之发生了很大的变化。

（三）建筑形式对比

首先，这一时期，法国建筑与普庙具有相似的建筑形式，大多为简单清晰的几何体建筑，诸如：

波尔多剧院，1773～1780年由建筑师维托·路易设计建造的一座古典样式的剧场。剧场宽47米、长85米、高19米。它的外形十分简单，一个规则整齐的长方形六面体，正面是一排12根科林斯式巨柱构成宏伟匀称的门廊，柱下不再施建基座层，两侧的第一层为敞廊，供人休息，建筑总体简洁严峻（图4-5）。

万神庙，本来是献给巴黎守护神圣什内维埃芙的教堂，18世纪末开始改为国家重要人物公墓，改名为万神庙。万神庙平面为希腊十字式，正立面为6根19米高的柱子构成的柱廊，柱子下面不设基座层，柱廊顶部为山花，再向上是圆柱形的穹顶，建筑形式简单明快，几何性明确，力求把哥特式建筑结构的轻快同希腊建筑的明净和庄严结合起来（图4-5）。

军功庙，1799年拿破仑废弃巴黎抹大拉教堂，在教堂原址所建造的一座陈列战利品的建筑。军功庙正面8根柱子，侧面18根，罗马科林斯式。柱子坐落于高约7米的基座之上，正立面柱子上部为雕刻精美的山花，建筑线条简单、僵直（图4-5）。

普庙与上述三座建筑在外在形式方面基本相同，均为简单的几何体，但是各自追求外在形式下的真正动因却是不同的。普庙藏式白台建筑及大红台建筑，平面均为矩形、曲尺

---

① 陈志华：《外国建筑史——19世纪末叶以前》，中国建筑工业出版社，2010年，第257页。

图4-5　法国巴黎波尔多剧院、万神庙、军功庙

（来源：百度百科）

形等规则的几何图形，这种外在形式很大程度上是由其建筑原型——西藏布达拉宫的建筑形式决定的，并不是传统建筑营建思想的一次变革和发展。而西方建筑理论在这一时期所倡导和追求的简单明快的建筑形式，是在启蒙运动思潮影响下，在建筑领域古典主义之后的一次重大变革，建筑的创作更为理性，追求建筑物的简单和完整，形式必须满足功能需求，强调减少纯装饰的建筑构件。这一时期的建筑形式普遍地趋于简洁大气，华丽和纤秀的外在形式被抛弃了。

其次，普庙与西方建筑在追求外在形式的艺术手法方面有所不同。普庙，虽为仿西藏布达拉宫，但并不是简单机械的模仿，而是加入了传统建筑的轴线布局思想，同时加大南北轴线的长度，施用"进院"式布局，利用高低起伏的地形优势，使得礼佛观光之人并不能一眼望尽寺庙的全部景观，拾阶而进，方可一览宏伟壮观的寺庙主体建筑大红台。此外，普庙的建筑面积以及寺庙主体建筑大红台的体量均小于其建筑原型西藏布达拉宫。进行这样的缩小模仿，一方面与建筑所处的地理环境有关，另一方面也与传统建筑营造中"大壮"与"适形"思想有关[①]。"大壮"与"适形"是中国儒家"卑宫室"思想下所形成的宏大壮美与适度宜人相统一的建筑空间艺术观念，这种艺术观念不仅存在于传统建筑的营造中，而且在普庙的仿建工程中也得到了很好的应用。普庙大红台的建筑规模虽不能与布达拉宫"宫室区"相比，但是用其周边"适形"的众多小白台建筑以及南北轴线距离加大的视觉缓冲，使得"适形"的大红台在视觉效果和心理感应上有了另一种不同于其仿建原型的"大壮"之感。以清朝当时的国力来说，并不是不具有建造与西藏布达拉宫同等或更大规模的能力。在某种程度上，普庙是在地理条件、经济条件和中国"大壮"与"适形"营建思想影响下所做出的"非不能也，是不为也"的营建结果。而这一时期的西方建筑，在追求建筑外在形式简单清晰的同时，为了彰显统治者的权势，往往强调单体建筑的

---

① 王贵祥：《东西方的建筑空间——传统中国与中世纪西方建筑的文化阐述》，百花文艺出版社，2006年，第321~335页。

宏大，非壮丽无以重威，与普庙相比，其不掺杂任何对比陪衬手法，而是直接在单体建筑本身的设计创作中，尽可能的追求建筑的气势和威严。在西方最具代表性的是俄国的彼得保罗教堂，它修建于1712～1733年，拉丁十字式。教堂正面的钟塔高约130米，仅最上方金色的塔尖就达34米，高耸的钟塔与水面及其周边建筑相对比，气势壮观，给人以蓬勃向上之感（图4-6）。在建彼得保罗教堂的时候，彼得大帝下令先建钟塔后建教堂，以便将钟塔建好，尽快向西方"昭告"一个帝国的兴起，由此可窥当时西方社会管理阶层迫切追求建筑宏伟壮丽的思想和心态。

　　再次，普庙与西方建筑在外在形式的构成方面存在着差异。普庙除了模仿西藏布达拉宫的建筑之外，还在寺庙的整体布局中应用了园林艺术手法，其园林艺术并不是像西藏布达拉宫那样专门在主体建筑之外单设一处园林区，而是将造园艺术直接营建设计于建筑本体布局的空间之内，这是与其仿建原型最大的一个区别点。将造园艺术应用到宗教氛围浓重的普庙总体布局之中，在某种程度上也是我国建筑"适形"思想的一种体现。西藏布达拉宫本体建筑布局中并没有涉及造园艺术，整体建筑所体现出来的政治肃穆感和宗教神秘感十分强烈，给人以压抑之感，而普庙将造园艺术应用于建筑的整体布局中，在很大程度上减轻了寺庙所给人带来的压抑之感，反而给人一种亲切之感，让人从心理上能够自愿地与之接近，以致普庙的宗教氛围能够不偏不过、不盈不亏，以一种最佳"适形"

图4-6　彼得保罗教堂

（来源：百度百科）

的宗教氛围接纳朝拜礼佛之士。正如余秋雨先生所说："一圈香火缭绕的寺庙，这不能不说是康乾的大本事。然而眼前是道道地地的园林和寺庙，道道地地的休息和祈祷，军事和政治，消解得那样烟水葱茏，慈眉善目……"[1]在这一时期，在卢梭"返回自然"的思想影响下，中国自然式的园林艺术受到西方的青睐和追随，曾一度流行。诸如法国凡尔赛宫小特里阿农新建的花园就有中国园林的味道。但是，西方对于中国式园林的仿造不伦不类，并不成功，不久便又重新回到古典主义时的几何式的园林中去了。这一时期西方的园林一般都是公共聚会的场所，或者为交通枢纽的集合点，具有很大的公共性，是存在于主体建筑之外的另一个独立空间，其本质是属于建筑外部的，在很大程度上并不从属于主体建筑。除此之外，西方园林也受到建筑理论思想的影响，多用几何形，"无论从规模上看，还是从艺术特点上看，这类花园都被恰当地称为'骑马者的花园'"[2]。例如法国的调和广场，广场南北长245米，东西宽175米，四角抹去，广场界线由一周圈宽24米、深4米左右的堑壕完成，在广场的八个角部各设一座雕像，以此象征法国当时八个主要的城市，广场中央为路易十五骑马铜像，通向南北各为一个圆形的喷泉水池，调和广场在交通上起到了从丢勒里花园过渡到爱丽舍大道的作用，是从丢勒里宫至星形广场的重要交通枢纽（图4-7）。

最后，两者所要表达的政治内涵也有所不同。我国古代的建筑，所要表达的内涵是稳固的，不易变的，是受中国传统封建等级思想束缚的，是封建统治阶级下的产物。普庙虽为仿建建筑，建筑的外在形式与中国传统建筑有着很大的区别，但是作为封建统治下的产物，普庙建筑外在形式所要表达的宗教、政治意义始终受到了封建等级观念的限制，诸如普庙中的碑阁、琉璃牌楼等建筑就是封建等级思想的充分体现。而此时的西方，由于君权和正在兴起的资产阶级在力量上的此消彼长，或者统治阶级为了表达某种政治意向，建筑的外在形式是多变的。当君主权力高涨时，建筑往往施用以突出君权势力的建筑形式。诸如英国18世纪末期所流行的先浪漫主义，在建筑上为多采用中世纪堡寨和哥特教堂的建筑形式，以渥尔伯尔的府邸和封蒂尔修道院最具代表性；法国18世纪末期军功庙和19世纪初的雄狮凯旋门，无不是对拿破仑君权的象征；俄国，当彼得大帝去世后，封建贵族的实力有所高涨，继而抛弃彼得大帝时期大力发展城市和市民公用建筑的主张，开始建造大量骄奢豪华的巴洛克和洛可可建筑，其中以叶凯撒玲宫和斯摩尔修道院最具代表性。当资产阶级力量高涨时，建筑往往采用的是突出资产阶级思想的外在形式。诸如18世纪下半叶的英国，工业资产阶级为了争夺选举权，将法国的启蒙思想引进来，同时在建筑领域也掀起了复兴罗马共和时期建筑的热潮，对被认为是罗马帝国时期建筑典型特征的拱券形式是予以

① 罗英文编：《岁月的剪影——名家散文》，华中科技大学出版社，2014年，第292页。
② 陈志华：《外国建筑史——19世纪末叶以前》，中国建筑工业出版社，2010年，第211页。

图4-7　法国巴黎调和广场

（来源: 陈志华《外国建筑史——19世纪末叶以前》）

拒绝的；18世纪下半叶的法国，随着资产阶级力量的高涨以及理性思潮的传播，建筑形式发生了很大的改变，开始逐渐抛弃形式烦琐的洛可可风格，转为简洁严峻的几何式建筑风格。另外，西方建筑的外在形式也会随着统治阶级政治思想的变化而变化，例如，19世纪初英法战争的爆发，在这场战争的影响下，英国的建筑形式也发生了变化，开始由原来的"罗马复兴"转为"希腊复兴"，以此来对抗法国所提倡的古罗马帝国建筑风格。

二、建筑功能方面

普庙作为一座寺庙，宗教是其首要的功能，但由于普庙是由皇家敕建的原因，在宗教功能的背后不免加入了浓重的政治功能，在某种程度上，普庙是清朝政府"兴黄教，即所以安众蒙古"宗教政策的产物。正如张斌翀所言："寺庙的功能不外乎设教宣经，为僧侣提供一个超凡脱俗的所在，为善男信女树立一处崇奉慰藉的灵台。皇家寺庙，则既包括一般寺庙的功能，又不可避免要渗透皇家的意识。"①乾隆帝《御制普陀宗乘之庙碑记》中提到："普陀有三：一居额讷特珂克，一居图伯特，一居南海……普庙之建，仿西藏，非仿南海也。"强调了普庙在宗教意义上（特别是对蒙古而言）与布达拉宫具有同等的合法性。另外碑文又载："讵若西藏都纲法式具备，为天下摄受之闳规，藩服皈依之总汇也哉！乃者，岁庚寅，为朕六秩庆辰。辛卯，恭遇圣母皇太后八旬万寿。自旧隶蒙古喀尔喀、青海王公、台吉等，暨新附准部回城众蕃长，连轸偕倈，胪欢祝嘏。念所以昭褒答示惠怀者，前期咨将作营构斯庙。"②从这段碑文来看，普庙虽然是为庆祝乾隆帝及其母亲大寿而建，但是也不难看出敕建此庙以达"藩服皈依之总汇"的政治目的。另外，普庙中的碑阁、琉璃牌楼、"万法归一"殿等建筑是西藏布达拉宫中没有的，这些建筑出现在普庙中，无疑是皇权的象征，充分体现了寺庙的政治功能。《普陀宗乘之庙下马碑》就明确指出："嗣后凡蒙古扎萨克来瞻礼者，王以下，头等台吉以上及喇嘛等，准其登红台礼拜，其余官职者，许在琉璃牌坊瞻仰，余概入庙门者，不得由中路行，俱令进左右掖门以昭虔敬。"③在某种程度上，高度集中的皇权和寺庙所彰显的宗教地位是平起平坐的。诸如《永佑寺舍利塔碑记》载："昔如来以法王御世，宏济人天，遍现十方，虚空不往……我皇祖圣祖仁皇帝，以无量寿佛示现，转轮圣王，福慧威神，超轶无上。"④乾隆帝将康熙帝与如来相提并论，是无量寿佛的化身。六世班禅曾称乾隆帝为文殊菩萨："小僧自幼仰承文殊菩萨大皇帝豢养之恩，不胜尽数，非他人所能相比。小僧乃一出家之人，无以极称，虽每日祝祷文殊菩萨大皇帝金莲座亿万年牢固，亦让喇仓众喇嘛等亦唪经祈祷，但仍时企望觐见文殊菩萨大皇帝。"⑤在西藏的布达拉宫、扎什伦布寺、青海的塔尔寺等重要的喇嘛寺庙都供奉了清朝皇帝的挂像，君权彻底地蒙上了宗教的神秘色彩，成为了当时少数民族诸藩的护法神。在蒙古、西藏诸藩，君权与宗教具有同等的地位，甚至君权的地位高于宗教，"这种'君佛同体'化的做法是加强政治统治的手段之一"⑥。"国家崇信黄僧，并非崇奉其教以祈福也。只以蒙古诸部敬信黄教日久，故以神道设教，籍使诚心归

---

① 张斌翀：《试论康乾盛世承德外八庙设计中对统一向心思想的含蓄表现》，《纪念承德避暑山庄建园290周年论文集——山庄研究》（戴逸主编），紫禁城出版社，2009年，第133页。

② 乾隆三十六年（1771）《御制普陀宗乘之庙碑记》。

③ 乾隆三十六年（1771）《普陀宗乘之庙下马碑》。

④ 乾隆二十九年（1764）《永佑寺舍利塔碑记》。

⑤ 中国第一历史档案馆藏宫中满文朱批奏折425。

⑥ 李海涛：《"外八庙"的藏传佛教文化》，《承德民族师专学报》1997年第3期，第7页。

服，以障藩篱，正《王制》所谓'易其政不易其俗'之道也"[1]。普庙是当时清朝仿建的众多藏传佛教寺庙之一，仿建原型是在蒙藏民众中具有极强影响力和号召力的西藏布达拉宫，并且在布达拉宫的基础上增建了金碧辉煌的"万法归一"殿，以示天下万法以此为正宗总舵。普庙的作用，不仅仅是将宗教上的"万法归一"注入到蒙藏诸藩精神信念里，更为重要的是政治统治上的"万法归一"和高度集权的君权思想。朝觐普庙，就代表着对皇权的臣服，充分体现了清朝统治者不仅要从政治上让蒙藏诸藩臣服归顺，还要从宗教上以最高护法主的姿态达其"万法归一"的精神统治。清帝所实行的"神道设教"政策，是成功的，达到了很好的政治目的。

18世纪下半叶，随着资本主义经济的发展，启蒙运动思潮的高涨，在建筑理论和创作领域也掀起了巨大的变化。这一时期的建筑功用主要体现在两个方面。一方面是为发展资本主义经济服务，最具代表性的有英国伦敦交易所、英格兰银行和法国巴黎交易所等建筑。英国伦敦交易所，建于1671年，是一座四合院式的建筑，正面建有宽敞的券廊，大门采用罗马凯旋门的样式，顶部为高高耸立的尖塔。英格兰银行，1788年开始建造，1835年建成，建筑采用了罗马共和时期的建筑形式，正立面一层为过梁式过廊，二层为双柱过廊，顶部为山花，简单有力。法国巴黎交易所，建成于1827年，是一座围廊式建筑，围廊柱子为科林斯式。作为供资本主义经济活动的场所，竟然都使用了具有纪念意义的装修，在某种程度上，"宣告着它们代替庙宇、教堂、宫殿而左右建筑潮流的时代就要开始了"[2]。在这一时期，供资本主义经济发展使用的建筑，诸如用来出租的商铺、公寓以及剧院、税务署、邮局等开始大量出现，其中交易所、税务署、海关等具有重要经济功用的建筑，往往都建在城市的中心，占据了原来教堂和宫殿才可拥有的中心位置。另一方面，这一时期建筑的功用主要是为了颂扬资产阶级革命思想及其所取得的胜利，诸如法国在这一时期所建造的国民工会大厦，英国的圣保罗大教堂，俄国的彼得保罗教堂等，这些建筑的外在形式都不同程度地采用了中世纪建筑的表达形式，用以表现资产阶级在政治上取得的胜利。但这一时期，建筑所要表达的宗教内容、君权思想进一步削弱，宗教建筑建设活动较少。

三、建筑技术方面

普庙，营建于我国封建社会的鼎盛时期，当时的营建技术和思想已趋于成熟。普庙的

---

[1] （清）昭梿撰，何英芳点校：《啸亭杂录》，中华书局，1997年，第361页。
[2] 陈志华：《外国建筑史——19世纪末叶以前》，中国建筑工业出版社，2010年，第267页。

营建，不仅完成了对西藏布达拉宫的简单模仿，而且还在模仿的基础上"杂糅"了当时最为成熟的营建技术和思想，在普庙选址、布局、建筑形式与建筑功能协调处理、园林技术等方面均有所体现。普庙在建筑规模上虽没有西藏布达拉宫宏伟，但是在建筑群组的整体营建方面是超过布达拉宫的，将我国传统营建技术和思想成功完美的应用在对布达拉宫的仿建工程中，充分体现了我国建筑技术和营建理念等方面所取得的成就。但是，从另一方面讲，康乾时期，是我国封建社会达到鼎盛继而走向衰落的时期，在这一时期达到极致成熟的建筑营造技术和思想已不能再有所突破和发展，反而会渐趋弱化。普庙作为我国传统营建技术和思想最为成熟时期的产物，它的成功只是对我国两千多年的传统建筑营造技术和思想的成功糅合，并未有突破性的发展，故从建筑营造技术和思想的发展来看，普庙是我国封建传统建筑走向顶峰时的一个"绝唱"。

18世纪中叶之前，西方建筑领域所盛行的是古典主义，即宫廷的唯理主义的文化艺术潮流。这一时期，建筑过分强调比例，以几何和数学为基础的理性判断完全代替直接的感性审美，将能够反映绝对君权制度政治理想的帕拉第奥主义建筑形式奉为经典，而忽略了建筑的适用性。当时英国著名诗人蒲伯（Alexander Pope，1688—1744）给帕拉第奥主义保护人伯灵顿伯爵的一首诗讽刺道："……但是（我的天呵！）您的理法，您的高尚的规则，将要用只会模仿的蠢货充满这世界，他们将从您的图册里撷取信手得到的范例，用一种美制造许多疏忽；……会招惹狂风在长长的柱廊里怒吼，把在威尼斯式的门前伤风当做光荣——意识到他们在做一件真正的帕拉第奥主义的工作，而且意识到，如果他们冻死，他们是被艺术规则所冻死的。"[1]到18世纪中叶，随着启蒙运动思潮的高涨，在建筑领域，逐渐开始用理性的思想对待建筑创作，不断对建筑形式和功能的协调做出尝试，随着自然科学技术的进步和发展，建筑的科学性提高了，建筑技术有了突破性的进展，其中最具代表性的是法国和英国的建筑。法国的波尔多剧院，建筑内部的柱网全部为规格化的，能够同建筑内部复杂的功能相适应；万神庙，最大的成就就是它与之前的建筑相比，墙体变薄、柱子变细，结构空间宽敞，具有很强的实用性，建筑结构的科学性明显有了进步；军功庙，其内部的穹顶，3个扁平的球面顶是用铸铁做骨架的，这是最早的铸铁结构之一。英国的建筑技术在这一时期也取得了很大的进步，诸如英格兰银行，其内部的天窗和采光亭是用铸铁和玻璃完成的，结构上较为轻盈，光线效果较好。

综上所述，普庙作为我国传统建筑技术和思想走向鼎盛时期的一组建筑，它在模仿西藏布达拉宫方面是成功的，即使是一组仿建建筑，也在建筑形式、功能、技术等方面取得了很大的成功，"着力将灵活独特的建筑形式与统治者的政治思想、宗教仪式相结合，从

---

① 转引于陈志华：《外国建筑史——19世纪末叶以前》，中国建筑工业出版社，2010年，第255页。

而达到一种不仅建筑新颖别致，富于诱惑力，而且主要能巧妙显露统治者良苦用心的完美艺术境界"①。但这种成功只不过是对中国两千多年的建筑营建技术和思想的总结，与这一时期的西方建筑相比，在技术和思想上并没有明显的突破和发展，相反，随着我国封建社会由鼎盛转入衰落，成为了我国古代建筑史上的一个"绝唱"。

---

① 张斌翀：《试论康乾盛世承德外八庙设计中对统一向心思想的含蓄表现》，《纪念承德避暑山庄建园290周年论文集——山庄研究》（戴逸主编），紫禁城出版社，2009年，第133页。

一、普陀宗乘之庙碑刻、匾额及楹联

（一）碑刻

普陀宗乘之庙碑记

山庄迤北，普陀宗乘之庙之建，仿西藏，非仿南海也。南海普陀，在浙东定海县境。朝山之舶，岁岁凌越洪涛澜汗间，擎芗顶礼唯谨，曰"大士道场，舍兹奚属？"是独震旦缁流方隅所见故。然考之贝夹，普陀有三：一居额讷特珂克，一居图伯特，一居南海。盖南海特大士行教至此，偶一示现云耳，庸可以此为是而彼为非乎？额讷特珂克即印度。是由此以证西来因缘，自印度而西藏，自西藏而南海，了了可识。第印度金刚座，辽远难稽。讵若西藏都纲法式具备，为天人摄受之闳规，藩服皈依之总汇也哉！乃者，岁庚寅，为朕六秩庆辰。辛卯，恭遇圣母皇太后八旬万寿。自旧隶蒙古喀尔喀、青海王公台吉等，暨新附准部回城众蓄长，连轸偕俫，胪欢祝嘏。念所以昭褒答示惠怀者，前期咨将作营构斯庙，以乾隆三十二年三月经始，至三十六年八月讫工。广殿重台，穹亭翼庑，爰逮陶范斤凿，金碧鞣墍之用，莫不严净如制。夫群藩信心回向，厥惟大慈氏之教。而热河尤我皇祖圣祖仁皇帝抚绥列服，岁时肆觐之区。向也，西陲内面景从，朕勤思缵述，普宁、安远、普乐诸刹所为嗣溥仁、溥善而作也。今也，逢国大庆，延洪曼美，而斯庙聿成。三乘之宗，实其统会。于焉宣宝铎，演金轮，关禽流梵乐之音，塞树种菩提之果。一切国土善信，膜拜欢喜，以为得未曾有。而久入俄罗斯之土尔扈特，以其为外道，非黄教所概，舍久牧之额济尔，率全部数万人，历半年余，行万有数千里，倾心归顺。适于是时茌止瞻仰善因福果，诚有不可思议者。是则山庄之普陀，与西藏之普陀一如，与印度之普陀亦一如，与南海之普陀亦何必不一如。然一推溯夫建庙所由来，而如不如又均可毋论。即如如之本意，岂外是乎？岂外是乎？先是群藩合辞，请进千佛像，恳款弗可却。因命就庙中度阁奉之。别有记，不复详缀。

乾隆三十六年岁在辛卯仲秋月之吉御笔

土尔扈特全部归顺记

始逆命而终徕服，谓之归降；弗加征而自臣属，谓之归顺。若今之土尔扈特，携全部，舍异域，投诚向化，跋涉万里而来，是归顺非归降也。西域既定，兴屯种于伊犁，薄赋税于回部。若哈萨克，若布鲁特，俾为外围而羁縻之。若安集延，若拔达克山，盖称远徼而概置之。知足不辱，知止不殆，朕意亦如是而已矣。岂其尽天所覆，至于海隅，必欲悉主悉臣，为我仆属哉？而兹土尔扈特之归顺，则实为天与人归，有不期然而然者，故不可以不记。

土尔扈特者，准噶尔四卫拉特之一，其详已见于准噶尔全部纪略之文。溯厥始率，亦荒略弗可考。后因其汗阿玉奇与策旺不睦，窜归俄罗斯，俄罗斯居之额济勒之地。康熙年间，我皇祖圣祖仁皇帝，尝欲悉其领要，令侍读图丽琛等，假道俄罗斯以往。而俄罗斯故为纡绕其程，凡行三年又数月，始反命。今之汗渥巴锡者，即阿玉奇之曾孙也。以俄罗斯征调师旅不息，近且征其子入质。而俄罗斯又属别教，非黄教，故与合族台吉密谋，挈全部投中国兴黄教之地，以息肩焉。自去岁十一月启行，由额济勒历哈萨克，绕巴勒喀什诺尔戈壁，于今岁六月杪，始至伊犁之沙拉伯勒界，凡八阅月，历万有余里。先是，朕闻有土尔扈特来归之信，虑伊犁将军伊勒图一人，不能经理得宜。时舒赫德以参赞居乌什，办回部事，因命就近前往。而畏事者，乃以新来中有舍楞其人，曾以计诱害我副都统唐喀禄(唐喀禄于戊寅四月，偕厄鲁特散秩大臣和硕齐率兵追捕逸贼，至布古什河源，射舍楞弟劳章扎布，仆而擒之。既而舍楞至，称欲投诚，请释其弟。唐喀禄虽许而疑其诈，欲先擒舍楞。和硕齐云：擒之无益，不若招之使降。越日，舍楞诡称欲入觐，且携众至。唐喀禄益疑之。和硕齐复言：彼畏我兵威，不敢动移，曷亲莅抚谕之？唐喀禄信其言，从数人往。既至，和硕齐劝各解鞍去橐鞬。俄顷，变作，唐喀禄遂遇害，和硕齐即降贼，寻擒获伏诛，舍楞乃窜入俄罗斯境)。因以窜投俄罗斯者，恐有其诡计，议论沸起。古云："受降如受敌。"朕亦不能不为之少惑，而略为备焉。然熟计舍楞一人，岂能耸动渥巴锡等全部？且俄罗斯亦大国也，彼既背弃而来，又扰我大国边界，进退无据，彼将焉往？是则归顺之事十之九，诡计之伏十之一耳。既而，果然。而舒赫德至伊犁。一切安汛、设侦、筹储、密备之事，无不悉妥。故新投之人，一至如归。且抡其应入觐者，由驿而来。朕即命随围观猎，且于山庄宴赉，如都尔伯特策凌等之例焉。

夫此山庄，乃我皇祖所建，以柔远人之地，而宴赉策凌等之后，遂以平定西域。兹不数年间，又于无意中不因招致，而有土尔扈特全部归顺之事。自斯，凡属蒙古之族，无不为我大清国之臣。神御咫尺，有不以操先券，阅后成，惬志而愉快者乎？予小子所以仰答祖恩，益凛天宠，惴惴焉，孜孜焉，惟恐意或满而力或弛。念兹在兹，遑敢自诩为诚所感与德所致哉？或又以为不宜受俄罗斯叛臣，虞启边衅。盖舍楞即我之叛臣归俄罗斯者，何尝不一再索取，而俄罗斯讫未与我也。今既来归，即以此语折俄罗斯，彼亦将无辞以对。且数万乏食之人；既至边近，驱之使去，彼不劫掠畜牧，将何以生？虽有坚壁清野之说，不知伊犁甫新筑城，而诸色人皆赖耕牧为活，是壁亦不易坚，而野亦不可清也。夫明知人以向化而来，而我以畏事而止，且反致寇，甚无谓也。其众涉远历久，力甚疲矣。视其之死而惜费弗救，仁人君子所不忍为，况体天御世之大君乎？发帑出畜，力为优恤，则已命司事之臣（土尔扈特部众，长途疲顿冻馁，几不能自存。因命舒赫德等分拨善地安置，仍购运牛羊粮食，以资养赡；置办衣裘庐帐，俾得御寒；并为筹其久远资生之计，令皆全活安居，咸获得所），兹不赘记，记事之缘起如右。

乾隆三十六年岁在辛卯季秋月中浣御笔

优恤土尔扈特部众记

归降、归顺之不同既明，则归顺、归降之甲乙可定。盖战而胜人，不如不战而胜人之为尽美也。降而来归，不如顺而来归之为尽善也。然则归顺者较归降者之宜优恤，不亦宜乎？土尔扈特部归顺源委，已见前记，兹记所以优恤之者。

方其渡额济勒而来也，户凡三万三千有奇，口十六万九千有奇。其至伊犁者，仅以半计。夫此远人向化，携挈孥属而徙，其意甚诚，而其阽危求息，状亦甚愈。既抚而纳之，苟弗为之赡其生，犹弗纳也。赡之而弗为之计长久，犹弗赡也。故自闻其来，及其始至，以迄于今，惟此七万余众，冻馁尪瘠之形，时悬于目而恻于心。凡宵旰所究图，邮函所咨访，无暇无辍，乃得悉其大要。于是为之口给以食，人授之衣，分地安居，使就米谷而资耕牧，则以属之伊犁将军舒赫德。出我牧群之孳息，驱往供馈，则以属之张家口都统常青。发帑运茶，市羊及裘，则以属之陕甘总督吴达善。而嘉峪关外董视经理，则以属之西安巡抚文绶。惟时诸臣，以次驰牍入告于伊犁塔尔巴哈台之察哈尔厄鲁特。凡市得马牛羊九万五千五百，其自达里冈爱商都达布逊牧群运者，又十有四万，而哈密辟展所市之三万不与焉。拨官茶二万余封，出屯庾米麦四万一千余石，而初至伊犁赈赡之茶米不与焉。甘肃边内外暨回部诸城，购羊裘五万一千余袭，布六万一千余匹，棉五万九千余斤，毡庐四百余具，而给库贮之毡棉衣什布幅不与焉。计储用帑银二十万两，而赏赉路赀及宴次赉予不与焉。其台吉渥巴锡等之入觐者，乘传给饩而来，至则锡封爵（封渥巴锡为卓里克图汗，策伯克多尔济为布延图亲王，舍楞为弼里克图郡王，功格为图萨图贝勒，默门图为济尔噶尔贝勒，沙喇扣肯为乌察拉尔图贝子，叶勒木丕尔为阿穆尔灵贵贝子，德尔德什达木拜扎尔桑为头等台吉，恩泽为四等台吉。其未至之巴木巴尔，亦封为郡王。旺丹克布腾封为贝子，拜济呼封为公。余封台吉等秩有差），备恩礼（各赐鞍马橐鞬黄褂，并赐渥巴锡、策伯克多尔济黄辔，舍楞、功格、默门图、沙喇扣肯紫辔。其汗王皆赐三眼翎，贝勒、贝子双眼翎，余皆花翎，并视其爵秩，锡以章服）。其往也，复虑其身之生，不宜内地气候（蒙古以已出痘为熟身，未出痘为生身，其生身者多畏染内地气候出痘），则命由边外各台，历巴里坤以行，而迎及送，并遣大臣侍卫等护视之。用以柔怀远人，俾毋致失所。

或有以为优恤太甚者，盖意出于鄙吝，未习闻国家成宪，毋惑乎其见之隘也。昔我皇祖圣祖仁皇帝时，喀尔喀、土谢图汗等，为厄鲁特所残破，率全部十万众来归。皇祖矜其穷阨，命尚书阿喇尼等往抚之，发归化城、张家、独石二口仓储，以振其乏，且足其食。又敕内大臣费扬古、明珠等，赍白金茶布以给其用，采买牲畜以资其生。遂皆安居得所，循法度，乐休养。迄今八十余年（喀尔喀众，以康熙二十七年来归），畜牧日以繁，生殖日以盛，乐乐利利，殷阜十倍于初。其汗王台吉等世延爵禄，恪守藩卫，一如内扎萨克之效臣仆，长子孙莫不感戴圣祖德泽及人之深，得以长享升平之福也。朕惟体皇祖之心为心，法皇祖之事为事。惟兹土尔扈特之来，其穷阨殆无异曩时之喀尔喀，故所以为之筹画无弗详，赒惠无少靳，优而恤之，且计长久。庸讵知谋之劳而赉之钜乎？冀兹土尔扈特之众，亦能如喀尔喀之安居循法，勤畜牧，务生殖，勿替厥志，则其世延爵禄，长享升平之福，又何以异于今之喀尔喀哉？用是胪举大凡，勒石热河及伊犁，俾土尔扈特汗王部众，咸识朕意，且以诏自今以往我诸臣之董其事者。

乾隆三十六年岁在辛卯季秋月中浣御笔

千佛阁碑记

岁庚寅，为朕周甲庆辰。预期敕禁中外，勿蹈弥文，结坛赞呗，过事颂扬。而蒙古王、贝勒、贝子、公、台吉等，同声吁言，愿进无量寿佛，用介洪延。以其循本俗揭衷虔也，则命于避暑山庄北岗，就所建布达拉庙西台，庋千佛阁，为崇奉焉。所司告竣事，乃胪其实以为记之。曰：

山庄者，我皇祖圣祖仁皇帝宠嘉群藩，岁岁行边展觐，燕赉频繁，而朕勤思绍闻，惟此锡类联情，眷然顾省弗谖者也。

自乙亥己卯间，新疆各部内属者大至。以时缔创名兰，表镇抚而资宣慰。今之榜颜为"普宁"，为"安远"，为"普乐"者皆是也。国家当景员式廓，远届冰天火州，尔公尔侯，既已可连珂佩辑琛球矣。然而笃念旧隶，自我祖宗朝以来，分翰屏，永苗裔，阅百数十年不替，是则群藩所以致忠爱于上，与上所以阅襃答于下者，又乌庸以怼而真哉？且曩者康熙癸巳，尔群藩叩祝皇祖六旬万寿，请构溥仁一寺，得荷皇祖谕旨，跂望犹岿然也。以挈兹举，则费自廉而谊逾美数典者，不綦艰欤？

夫布达喇即补陀洛伽，盖仿大士道场胜迹为之。维蒙古教，禀大慈以云选佛，莫于是宜。内典尝言：小千、中千、大千、三千之境，具有释迦化现所造。而无量寿经，推言亿万亿劫中，有亿万亿佛，各各自立名号。又究言合其智慧为一智慧，因知寿命无极。试溯恒河流沙，一沙一佛，奚啻千佛？而以沙数无算佛证之，本自一佛。有若印千潭之月，千月一影，燃千枝之灯，千灯一光——正复无二无别。矧因陀罗秉南面，权用一心，应种种心，无有方所，而一心如然不迁者？惟此锡类联情，眷然顾省弗谖。譬指觉岸，渡大愿船，祇薪情器世界，一切有生，汇无央数劫，共臻大年。然则之阁也，匪直集人天善信，合十恭敬，哆语森罗而深靓也，日嵩宗乘也，绥逖听也，昭国庆也，联众情也。夫是以文其碑，而众斯信也。

乾隆三十五年岁在庚寅仲秋月之吉御笔

（二）匾额、楹联

普陀宗乘之庙匾额及楹联

南山门，前额曰："普陀宗乘之庙"。

东山门，前额曰："威严总持"。

西山门，前额曰："宝光普耀"。

五塔门，前额曰："广圆妙觉"。

琉璃牌楼，前额曰："普门应现"，后额曰："莲界庄严"。

无量福海殿，殿额曰："无量福海"。

千佛阁，殿额曰："千佛之阁"，殿内联曰："妙相合瞻千，利资诸福；繁釐同祝万，欢洽群藩。"①

洛迦胜境殿，外额曰："洛迦胜境"，内额曰："妙德圆成"，殿内楹联曰："狮座具神威，咸钦奋迅，鹫峰瞻相好，普现庄严。"

文殊圣境殿，外额曰："文殊圣境"，内额曰："净性超乘"，殿内楹联曰："法界朔中台，臻大欢喜；化身现上塞，护妙吉祥。"

万法归一殿，外额曰："万法归一"，内额曰："万缘普应"，殿内楹联曰："总持初地，法轮资福，胜因延上塞；广演恒沙，梵乘能仁，宏愿洽新藩。"殿楼上楹联曰："梵教流传宗递演，化身应现慧常融。"

权衡三界殿，外额曰："权衡三界"，内额曰："精严具足"，殿内楹联曰："法界现神威，即空即色；梵天增大力，非住非行。"

慈航普渡殿，外额曰："慈航普渡"，内额曰："示大自在"，殿内楹联曰："水镜喻西来，妙观如是；月轮悟南指，合相云何。"

大红台群楼南额曰："秘密胜境"，北额曰："极乐世界"，东额曰"庋经之阁"，西额曰："大乘妙峰"。东楼上额曰："阿閦鞞佛坛城"，曰："观世音菩萨坛城"，曰："无量寿佛坛城"曰："释迦佛坛城"曰："雅曼达噶坛城"，曰："喜金刚坛城"。西楼有楹联十三，一曰："璎鬘垂护花龛彩，狮象驯依鹫岭辉。"一曰："佛刹现乾城，法资喻筏；禅宗开震旦，教演传灯。"一曰："以此无量慈，同参不二；喻彼有为法，普度大千。"一曰："统须弥界天，护持常住；遍华严海会，应现随方。"一曰："秘印妙持超四果，圆光正觉示三乘。"一曰："现法化报身，昙霏遍荫；统先中后际，象教同持。"一曰："初地相光全，总持一化；诸天梵香聚，共演三摩。"一曰："般若相常融，具五福德；菩提心并证，增八吉祥。"一曰："觉观印圆通，能仁普示；识田悟清净，妙智同修。"一曰："功德示经文，香薰檐葡；庄严瞻相好，光映琉璃。"一曰："持法利身心，众生并济；随缘施愿力，一切常圆。"一曰："佛光普护三千界，寿域常开万亿春。"一曰："宝树交辉香不断，祥轮常转法无边。"

---

① 千佛阁殿内楹联已不存，资料来源于《钦定热河志》卷八十，寺庙四，第2799页。

二、《清官热河档案》资料目录索引

续表

序号	档案名称	日期	册数	档次	页数
10	和尔经额等奏闻拉运布达拉庙工应用砖块京车留用数目折	乾隆三十六年六月初六日	第2册	第131档	333~335
	附件：布达喇庙工程成数清单				335~336
11	内务府总管三和等奏闻布达拉庙工程应用木植运到数目并酌留助运车辆缘由折	乾隆三十六年六月初十日	第2册	第132档	336~337
	附件：布达喇庙工程成数清单				337~338
12	奉旨著将张法等人枷示柳工次俊工竣再行发遣充徒	乾隆三十六年六月十一日	第2册	第133档	338
13	内务府总管英廉等奏报审明热河布达拉庙失火系由小夫头张法在人方亭吸烟延烧拟罪折	乾隆三十六年六月十一日	第2册	第134档	338~341
14	内务府总管三和等奏报布达拉庙工需用镀金铜瓦成色不齐已饬工程监督等留心查察折	乾隆三十六年六月十三日	第2册	第135档	342~344
15	内务府总管三和等奏闻布达拉庙工助运车辆核计工程情形陆遗回回折	乾隆三十六年六月十六日	第2册	第136档	345~346
16	多罗贝勒永瑢奏闻布达拉庙开光由京派喇嘛前往经经坡给马匹车辆盘费片	乾隆三十六年六月十八日	第2册	第141档	353
	附件：由京派往喇嘛等应领车马盘费数目清单				353~354
17	和尔经额等奏报布达拉庙工程可望入月初间完工情形折	乾隆三十六年七月初七日	第2册	第147档	358~359
18	和尔经额等奏闻支运布达拉庙工车辆缘由并开布达拉庙工程成数折	乾隆三十六年七月十八日	第2册	第149档	359~361
19	奉旨著行办庙工木植运备妥之全德交内务府议叙	乾隆三十六年七月二十八日	第2册	第151档	362
20	总管内务府请议处运送布达拉庙应用佛格供器等物失事副催长安乐庆入折	乾隆三十六年八月初八日	第2册	第155档	366~367
21	工部尚书福隆安)等奏报布达拉庙工程领发库存银两数目折	乾隆三十六年八月十一日	第2册	第157档	368-369

续表

序号	档案名称	日期	册数	档次	页数
22	奉旨布达拉庙失火重修耗费多金著饬永和等重报家赀	乾隆三十六年八月十二日	第2册	第158档	369~371
23	总管内务府奏请议叙办运布达拉庙工应用木植未植未致迟误之热河总管全德折	乾隆三十六年九月初一日	第2册	第167档	392~393
24	总管内务府奏请议叙办理布达拉庙工革奉致使金瓦颜色不齐高低不平之员三格等人折	乾隆三十六年九月初一日	第2册	第168档	394~396
25	热河副都统三全奏报英图等围欣伐运出木植数目折	乾隆三十六年十月二十五日	第2册	第172档	398~399
26	工部尚书福隆安等奏报布达拉庙工程账册正在核算片	乾隆三十六年十二月二十二日	第2册	第179档	408
27	工部尚书福隆安等奏报成造布达拉庙工程应用镀金铜瓦等项得余平金回缴片	乾隆三十六年	第2册	第181档	412
28	乾隆三十六年全作承做热河活计档	乾隆三十六年四月十五日至五月二十八日	第2册	第184档	434~435
29	乾隆三十六年皮裁作承做热河活计档	乾隆三十六年六月初四日	第2册	第185档	435~436
30	乾隆三十六年记录造办处承做热河活计档	乾隆三十六年六月初四日至十二月初三日	第2册	第186档	436~450
31	乾隆三十六年如意馆承做热河处活计档	乾隆三十六年七月十八日至十月二十日	第2册	第189档	453~455
32	乾隆三十六年珐琅作承做热河活计档	乾隆三十六年九月初四日	第2册	第190档	455
33	乾隆三十六年筑炉处承做热河活计档	乾隆三十六年十一月初九日至二十五日	第2册	第192档	456~460
34	总管内务府奏报太监李覆等讹诈石商李林魁严审定拟折	乾隆三十七年正月二十七日	第2册	第193档	461~463

续表

序号	档案名称	日期	册数	档次	页数
35	内务府总管英廉奏报三全等查办类图等图砍伐木料数目无误火器营房所需木植即将运京片	乾隆三十七年三月初九日	第2册	第195档	465~467
36	总管内务府奏请议处办理火器营房所需尺寸迟误之内务府总管英廉折	乾隆三十七年三月十五日	第2册	第196档	467~469
37	总管内务府奏报查核布达拉庙等工所领过银两数目片	乾隆三十七年三月二十二日	第2册	第197档	469~470
38	工部尚书福隆安等奏报布达拉庙等工册案繁多查核稽迟缘由片	乾隆三十七年三月二十二日	第2册	第198档	470
39	总管内务府奏请布达拉庙添设领应领食米交地方官米买入仓用过数咨部核销折	乾隆三十七年五月初四日	第2册	第201档	472~473
40	总管内务府呈乾隆三十六年因布达拉庙开光等多用车辆清单	乾隆三十七年五月十四日	第2册	第205档	480
41	内务府总管三和等奏销布达拉庙工程用过金叶铜斤等项数目折	乾隆三十七年五月二十三日	第2册	第208档	490~491
42	总管内务府奏闻布达拉庙需用红铜镀金铜镀金顶动用库贮示金镀饰片	乾隆三十七年七月二十一日	第2册	第213档	495
43	内务府总管刘浩等奏请交纳美余银片	乾隆三十七年十月初十日	第2册	第229档	515~516
	附件：贵用美余银数目清单		第2册	第229档	516~520
44	内务府总管三和等奏闻成造布达拉庙供奉佛尊用过金叶铜斤工料银两片	乾隆三十七年十月十五日	第2册	第230档	520~527
	附件：成造布达拉庙供奉佛尊用过金叶铜斤工料数目清单		第2册	第230档	520
45	大学士刘统勋等奏销乾隆三十六年八月至三十七年七月热河道库动存贵银数目折	乾隆三十七年十二月二十六日	第2册	第233档	530~532
46	乾隆三十六年匿奏作承微热河活计档	乾隆三十七年三月初四日至十月初二日	第2册	第235档	539~540

续表

序号	档案名称	日期	册数	档次	页数
47	乾隆三十七年热河随围造办处承做微活计档	乾隆三十七年五月二十五日至九月十五日	第2册	第240档	548~586
48	乾隆三十七年球琅作承做热河活计档	乾隆三十七年六月二十二日	第2册	第241档	587
49	乾隆三十七年皮裁作承做热河活计档	乾隆三十七年七月二十四日	第2册	第242档	588~590
50	乾隆三十七年金玉作承做热河活计档	乾隆三十七年七月二十四日至九月二十二日	第2册	第243档	590~593
51	热河兵备道明山保为查明乾隆三十七年八月至三十八年七月热河道库动存银两事呈军机大臣文	乾隆三十八年八月十一日	第3册	第44档	44~45
52	热河兵备道明山保为热河等五厅档商解支乾隆三十八年布达拉庙生息银两事呈军机大臣文	乾隆三十八年十一月初三日	第3册	第66档	67~68
53	热河副都统三全等为报明收贮乾隆三十九年分布达拉庙需用香供银两数目事呈军机处文	乾隆三十八年十一月初三日	第3册	第67档	68~69
54	大学士舒赫德奏销乾隆三十七年八月至三十八年七月热河道库动存备赏银两折	乾隆三十八年十二月二十六日	第3册	第72档	76~79
55	乾隆帝巡幸热河应用香账簿	乾隆三十八年五月至九月	第3册	第74档	80~89
56	乾隆三十八年金玉作承做热河活计档	乾隆三十八年二月十七日至七月二十九日	第3册	第78档	130~132
57	乾隆三十八年记录造办处承做热河活计档	乾隆三十八年三月二十九日至十二月初四日	第3册	第81档	137~140
58	乾隆三十八年热河随围造办处承做微活计档	乾隆三十八年五月十五日至八月十五日	第3册	第85档	148~201

续表

序号	档案名称	日期	册数	档次	页数
59	乾隆三十八年匠徕作承做热河活计档	乾隆三十八年三月初二日至四月初四日	第3册	第87档	201~202
60	乾隆三十八年热河圆明园进唔造办处承做活计档	乾隆三十八年八月十四日至九月十五日	第3册	第88档	203~208
61	热河兵备道明山保为布达拉庙工程由承心殿银库清领银两现收到归库事呈军机大臣文	乾隆三十九年四月初七日	第3册	第96档	214~215
62	[总管内务府]奏报热河新建缘像寺供奉送付各处经办造片	乾隆三十九年五月十一日	第3册	第101档	218~219
63	热河兵备道明山保为热河等五厅当商解交布达拉庙生息银两事军机大臣文	乾隆三十九年十一月二十一日	第3册	第173档	291~292
64	大学士舒赫德等奏销乾隆三十八年八月至三十九年七月热河道库动存银两折	乾隆三十九年十一月二十二日	第3册	第179档	298~299
65	乾隆帝巡幸热河等处赏用银两藏香哈达账簿	乾隆三十九年五月	第3册	第180档	299~309
66	乾隆三十九年记录造办处承做热河活计档	乾隆三十九年四月二十五日至十一月初四日	第3册	第191档	335~347
67	乾隆三十九年热河随圆造办处做活计档（残缺）	乾隆三十九年五月十九日至九月十五日	第3册	第192档	347~396
68	热河兵备道明山保为发过砍运都木岔等圆木植至通州应找领银事呈军机大臣文	乾隆四十年三月二十日	第3册	第195档	399~402
69	内务府总管英廉等奏报圆圆砍伐木植各处用过银数目折	乾隆四十年四月十一日	第3册	第200档	405~409
	附件：圆场木植砍伐用银数目清单				409~411

续表

续表

序号	档案名称	日期	册数	档次	页数
84	工部尚书福隆安奏旨布达拉庙工程应行赔修之项过多其承赔分缴缴外余著宽免	乾隆四十年十二月十六日	第3册	第253档	460~461
85	工部尚书福隆安奏覆修理布达拉庙大红台千佛阁等项银两由管工修工各员分赔折	乾隆四十年十二月十六日	第3册	第254档	461~462
	附件：赏著各人应赔银两数目清单				463~464
86	热河兵备道明山保为收到布达拉庙重修大红台工程用银呈军机大臣文	乾隆四十年十二月二十六日	第3册	第256档	465~466
87	乾隆帝巡幸木兰应用藏香账簿	乾隆四十年五月至九月	第3册	第261档	609~615
88	乾隆四十年记录造办处承做热河活计档	乾隆四十年四月十七日至十一月二十三日	第3册	第264档	622~640
89	乾隆四十年热河随造内阁处承做热河活计档	乾隆四十年五月二十二日至九月十五日	第3册	第267档	641~682
90	热河总管德全德奏报续缴赔修布达拉工银两折	乾隆四十年十一月十六日	第4册	第71档	66~67
91	热河副都统多麜为收到热河等七厅各当商解交布达拉庙香供生息银两事军机处文	乾隆四十一年十一月初七日	第4册	第72档	67~68
92	热河兵备道明山保为热河等七厅当商解交布达拉庙香供生息银两呈军机大臣文	乾隆四十一年十二月初十日	第4册	第75档	72~73
93	乾隆四十一年记录造办处承做热河活计档	乾隆四十一年正月二十日至七月二十八日	第4册	第77档	74~76
94	乾隆四十一年热河随造办处承做热河活计档	乾隆四十一年六月十三日至九月十二日	第4册	第80档	80~93

续表

序号	档案名称	日期	册数	档次	页数
95	工部尚书福隆安奏请将名作商匠王完宽等求增加钱粮原呈交总理工程大臣详细审核折	乾隆十二年五月十二日	第4册	第90档	111~113
96	热河副都统多罗为收到热河七斤各当商解交布达拉庙香供生息银两事札机大臣文	乾隆四十二年十一月初七日	第4册	第96档	119~120
97	乾隆四十二年全工作承做热河活计档	乾隆四十二年十月六日至十一月十二日	第4册	第106档	176~181
98	谕著准借用承德府常平仓各棐修建须弥福寿之庙夫匠食用并令俟米价平贱如数买补	乾隆四十四年二月初九日	第4册	第142档	244
99	等谕工部侍郎刘浩造前曾办过普陀宗乘寺庙佛像此次隆兴寺佛著入于庙工办理	乾隆四十四年二月二十一日	第4册	第144档	245
100	军机大臣和珅等奏报热河各庙仪仗新开新建须弥福寿之庙添做仪仗需用绸缎数目折　附件：热河各庙添做仪仗需用绸缎数目清单	乾隆四十四年六月初七日	第4册	第151档	247~248　248~250
101	军机大臣福隆安奏闻成造须弥福寿之庙仪仗应行取各项物料折　附件1：成造须弥福寿之庙仪仗应用热河库贮锦缎数目清单　附件2：成造须弥福寿之庙仪仗应用各项物料清单	乾隆四十四年七月二十一日	第4册	第154档	252~254　254~257　258
102	乾隆四十四年巡幸热河起居注	乾隆四十四年五月初一日至九月十九日	第4册	第161档	267~281
103	乾隆四十四年记录办处承做热河活计档	乾隆四十四年正月初一日至十二月二十七日	第4册	第163档	312~340

续表

序号	档案名称	日期	册数	档次	页数
104	乾隆四十四年灯裁作承做热河活计档	乾隆四十四年正月初十日至十月初八日	第4册	第164档	340~355
105	乾隆四十四年热河随围造办处承做活计档	乾隆四十四年五月初九日至九月十二日	第4册	第168档	376~423
106	行在中正殿为热河普宁寺等处念经应用手帕等项事致行在内务府文（满文）	乾隆四十五年八月初二日	第4册	第189档	447~449
	附件：普宁寺等处念经应用手帕等物清单		第4册	第189档	449~450
107	乾隆四十五年巡幸热河起居注	乾隆四十五年五月二十一日至九月初三日	第4册	第201档	479~493
108	乾隆四十五年热河随围造办处承做活计档	乾隆四十五年五月十七日至八月二十六日	第4册	第204档	522~554
109	乾隆四十六年接奉信贴造办处承做热河活计档	乾隆四十六年闰五月二十三日至九月初一日	第5册	第19档	59~83
110	乾隆四十七年灯裁作承做热河活计档	乾隆四十七年五月二十五日	第5册	第79档	147~148
111	热河副都统恒[瑞]为收到承德府等地当商交解布达拉庙香供息银事呈军机大臣文	乾隆四十九年十一月初八日	第5册	第159档	231~232
112	乾隆三十一年至五十年热河等处行宫殿座用过高丽纸张数目清册	乾隆五十一年	第5册	第278档	526~536
113	乾隆五十年热河等处行宫殿座翎座用过银母蜡花纸张数目清册	乾隆五十一年	第5册	第279档	537~559
114	热河兵备道任伦为收到承德府等处解交布达拉庙生息银两事呈军机大臣文	乾隆五十二年十一月二十九日	第6册	第45档	80~81
115	乾隆五十四年记录造办处承做热河活计档	乾隆五十四年四月二十日	第6册	第120档	402

续表

序号	档案名称	日期	册数	档次	页数
116	乾隆十五年造办处承做热河活计档	乾隆十五年五月十四日至九月十三日	第6册	第203档	516~547
117	热河兵备道全保为收到各府州县当商解交布达拉庙生息银两事呈军机大臣文	乾隆五十七年二月初五日	第7册	第120档	173
118	乾隆十七年热河随围造办处承做活计档	乾隆五十七年五月十三日至八月十三日	第7册	第125档	183~192
119	乾隆五十七年接奉信贴办处承做热河活计档	乾隆五十七年五月二十三日至七月十六日	第7册	第126档	192~197
120	热河兵备道全保为收过乾隆十八年分布达拉庙生息银两事呈军机大臣文	乾隆五十八年十二月	第7册	第241档	341~342
121	粘修热河普宁寺会利塔泊岸营房等项工程销算银两册	乾隆五十八年	第7册	第251档	346~377
122	乾隆五十八年巡幸热河起居注	乾隆五十八年五月十六日至八月二十六日	第7册	第253档	381~392
123	庆成为确查热河狮子沟等处山河情形走办挑挖折	乾隆五十九年九月初四日	第7册	第314档	494~497
124	热河副都统庆木等奏请派员详勘布达拉等处外庙应修活计折	嘉庆六年三月初八日	第10册	第3档	2
125	造办处记录热河普乐寺等处粘修活计清册	嘉庆六年三月初九日	第10册	第4档	3
126	热河前宫等处园内外庙行营急修活计清单	嘉庆六年六月	第10册	第10档	9~11
127	嘉庆帝巡幸热河起居注	嘉庆七年七月二十日至九月二十三日	第10册	第30档	24~36
128	热河总管童椿等奏报核估修理如意洲等处园内外庙行营需用工料银两折	嘉庆八年二月十五日	第10册	第51档	182~184

续表

序号	档案名称	日期	册数	档次	页数
129	热河园内外庙并南北两路各等处粘修工程销算工料银两黄册	嘉庆十年闰六月	第10册	第113档	375~405
130	倍山等奏销修理清音阁等处园内外庙行宫用过工料银两折	嘉庆十一年六月十一日	第10册	第118档	413~416
131	热河都统庆杰等奏请派员勘估布达拉等十一处庙宇应修十二项活计折	嘉庆十一年十月十八日	第10册	第158档	497
132	热河园内外庙行宫粘修工程销算银两黄册	嘉庆十二年五月	第10册	第165档	511~539
133	热河副都统福长等奏请派员勘估布达拉等十一处庙宇应入项活计折	嘉庆十二年十月二十二日	第10册	第174档	558
134	热河都统铁铭秀等奏请由常福顺便勘估布达拉庙以外其它庙宇应修六项活计折	嘉庆十四年十月十七日	第11册	第76档	348-349
135	热河各等处清修活计分别缓急清单	嘉庆十三年至十四年	第11册	第90档	533-536
136	热河总管穆腾额等奏销修理园内外庙行宫及标等处奉旨饬修活计用过工料银两折	嘉庆十五年五月十三日	第11册	第94档	543~545
137	热河总管绍等奏销修理园内外庙行宫及万树园等处奉旨饬修活计用过工料银两折	嘉庆十六年六月二十四日	第12册	第22档	29~32
138	谕内阁大学士庆等木兰不必随进木兰哨着留热河会同察看普陀宗乘庙工	嘉庆十六年八月初六日	第12册	第38档	69
139	奉旨着本办管福及山神庙工程人员常福就查之便勘估热河旱河河工	嘉庆十七年正月十五日	第12册	第61档	162
140	奉旨奖励承办修理普陀宗乘庙工出力之总管内务府大臣常福等人	嘉庆十七年七月二十七日	第12册	第72档	184
141	湖南巡抚广厚等奏循例报禀办布达拉庙土木植用过银两片	嘉庆十八年	第12册	第137档	344-345
142	热河总管普福等奏报核估修理善逮等处园庭外庙行宫需用工料银两折	嘉庆二十一年二月初一日	第13册	第50档	117~121
143	热河总管普福等奏请派员勘估修理前宫等处园庭外庙行宫急活计折	嘉庆二十一年五月十三日	第13册	第56档	130~132

续表

序号	档案名称	日期	册数	档次	页数
144	热河总营高等奏报物遠楼等处园内外庙祓雨及澄晖楼碧阳轩等处修缮情形折	嘉庆二十一年六月初三日	第13册	第57档	132~134
145	热河都统庆祥等奏清派员勘估布达拉等处庙宇应修六项活计折	嘉庆二十一年十月二十二日	第13册	第89档	184~185
146	热河总营常显等奏报核估修理前营等处园庭用工料银两折	嘉庆二十四年三月初一日	第14册	第2档	3~6
147	布达拉庙工承修人员清单	嘉庆朝	第14册	第245档	358~359
148	热河总营延隆等奏报热河园内行宫情形并最重急修活计清单	道光三年五月十六日	第14册	第276档	404~407
149	热河总营嘉禄等奏陈清修热河园庭外庙并南北两路行宫外围墙折	道光三年七月二十二日	第14册	第277档	408~409
	附件：热河园内外庙拼倒外围墙培段落丈尺清单				409~411
150	热河都统成格等奏清酌修热河札什伦布吉祥法喜楼工程折	道光九年五月二十八日	第14册	第307档	463~464
151	禧恩等奏报勘估热河行宫等处工程折	道光九年十一月十七日	第14册	第309档	468~471
152	郎中庆麒等呈报查核修理热河行宫等处用过银两查对相符送堂办理文	道光十一年三月	第14册	第315档	531~532
	附件：热河园内外等处粘修僧房诸旗房墙垣销算银两黄册				532~560
153	热河总营惠显等奏报补修布达拉庙宇楼房等情折	道光十一年五月初八日	第14册	第316档	560~561
154	热河都统保昌等奏报查勘各处庙宇工程情形片	道光十一年五月二十二日	第14册	第319档	567
	附件：热河各庙应修工程清单	道光十二年三月二十二日			567~568
155	员外郎书冶呈报查核热河园内外处工程用过银数查对相符送堂办理文	道光十三年	第15册	第1档	1~2
	附件：热河园内外庙各处粘修工程销算银两黄册				2~40

续表

序号	档案名称	日期	册数	档次	页数
156	热河都统武额等奏报查明庙宇工程情形较重势难保护谨拟拆卸折	道光十四年六月初六日	第15册	第2档	41~42
157	热河都统武额等奏报遵旨复核庙宇工程较重势难保护谨拟拆卸情形折	道光十四年六月十四日	第15册	第3档	43~44
158	热河都统武额等奏覆遵旨体察拆修庙宇工程斟酌办理情形折	道光十四年六月二十三日	第15册	第4档	44~46
159	热河总管灵阿等奏报动项拆卸布达拉庙大红台等处物料情形片	道光十四年九月	第15册	第5档	46~47
160	热河都统嵩溥等奏报于布达拉庙大红台南面成砌拦挡雨墙以免雨水浸入片	道光十五年闰六月二十八日	第15册	第9档	78~79
161	理藩院尚书吉伦泰等奏陈热河喇嘛裁留数目情形折		第15册		157~160
	附件1: 热河各庙喇嘛班第额缺裁留数目清单	道光二十六年四月十八日	第16册	第38档	161~162
	附件2: 热河各庙喇嘛班第钱粮裁留数目清单				163~165
162	热河总管衙门呈送园庭各处本年续班期殿宇间数目清册	光绪二十年十二月	第17册	第62档	345~347
163	热河总管英贤等奏请查办布达拉庙东西塔罩珊塌情形折	光绪三十年八月二十日	第17册	第99档	491~492
	附件: 热河总管英贤等奏请一并查勘安修万法归一殿片				493
164	热河都统松寿等奏陈普陀宗乘庙工情形拟择要修缮折	光绪三十年十一月三十日	第17册	第100档	494~496
165	热河都统松寿等奏报修建普陀宗乘庙工程工竣日期片	光绪三十一年六月初二日	第17册	第105档	525
166	前宫收存布达拉提来供器清册	宣统二年十二月	第18册	第3档	6~12

三、图版

图版1　普陀宗乘之庙全景

图版2　普陀宗乘之庙全景

图版3 普陀宗乘之庙全景

图版4　大红台南立面

图版5　大红台西立面

图版6 大红台北立面

图版7　大红台东立面

四、测绘图

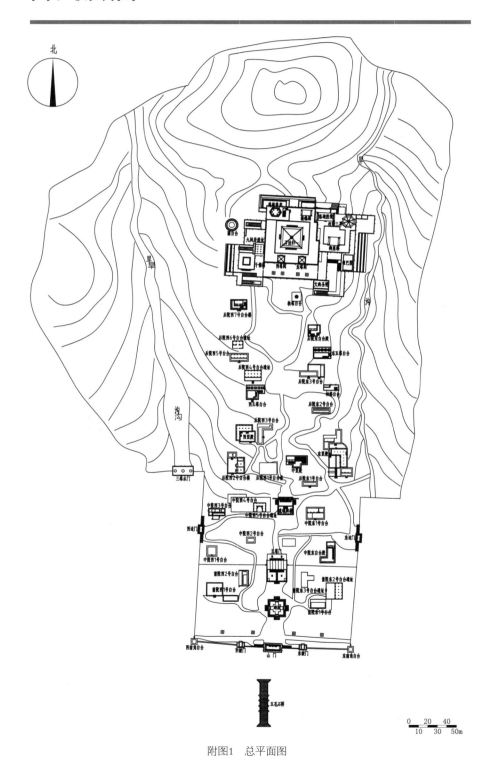

附图1　总平面图

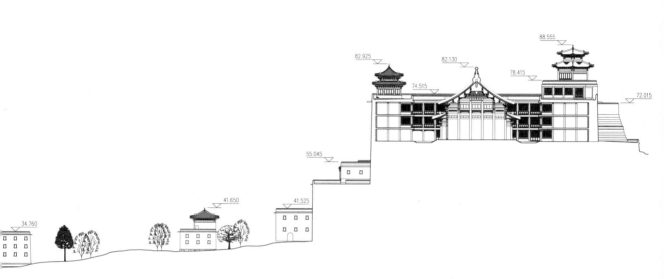

88.555

82.925

82.130

78.415

74.515

72.015

55.045

41.650

41.525

34.760

0   10   20m   30m

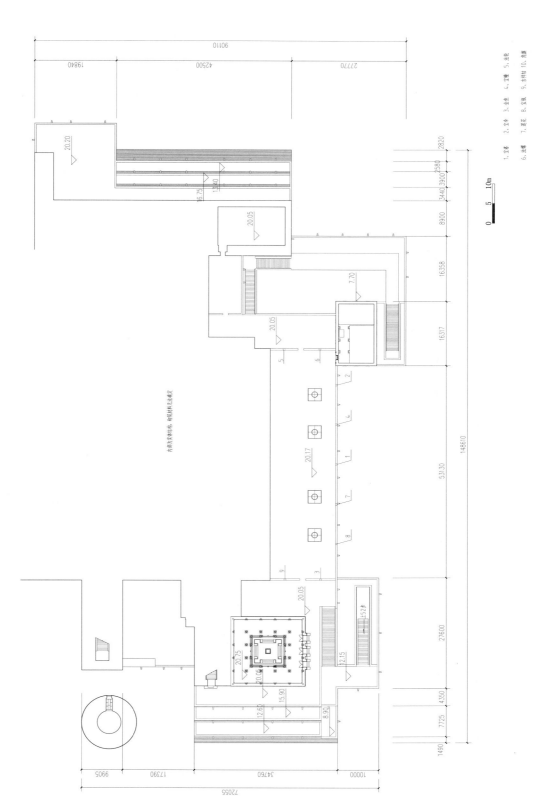

附图3　大红台一层平面图

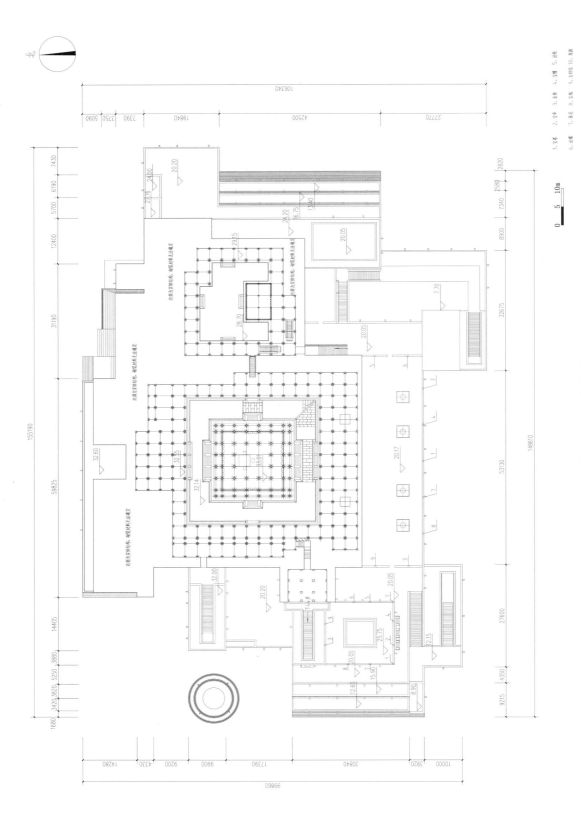

附图4 大红台二层平面图

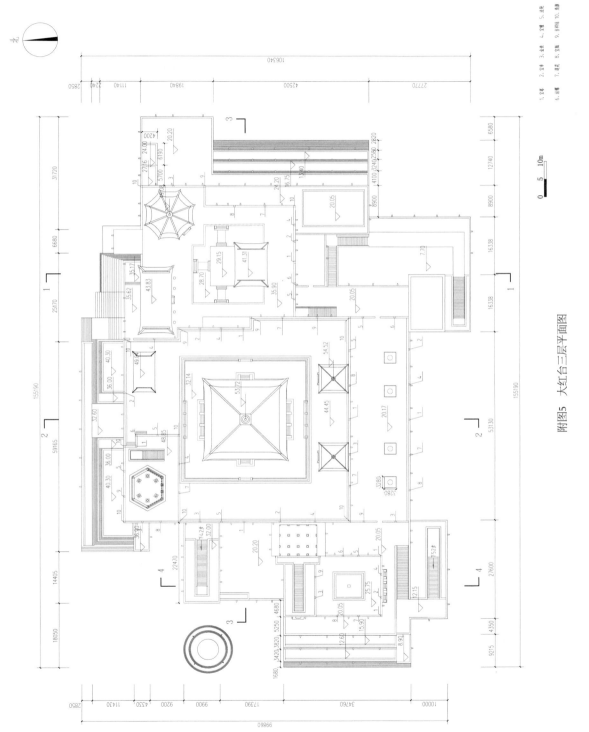

附图5　大红台三层平面图

北

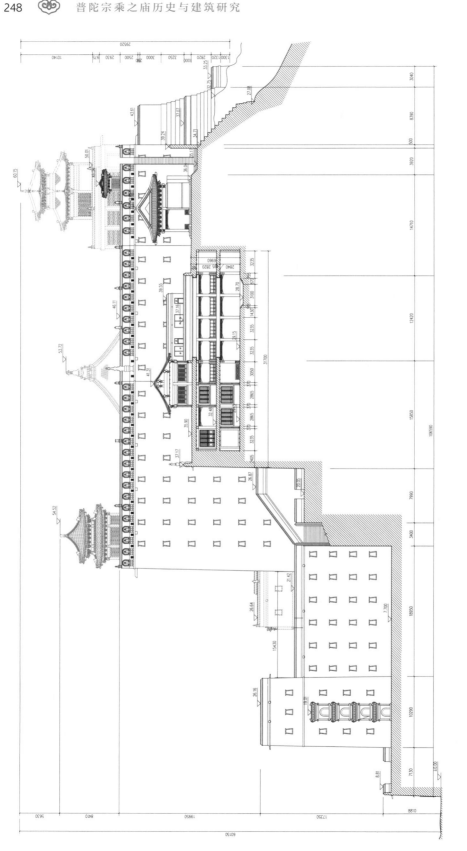

附图6 大红台1-1御座楼剖面图

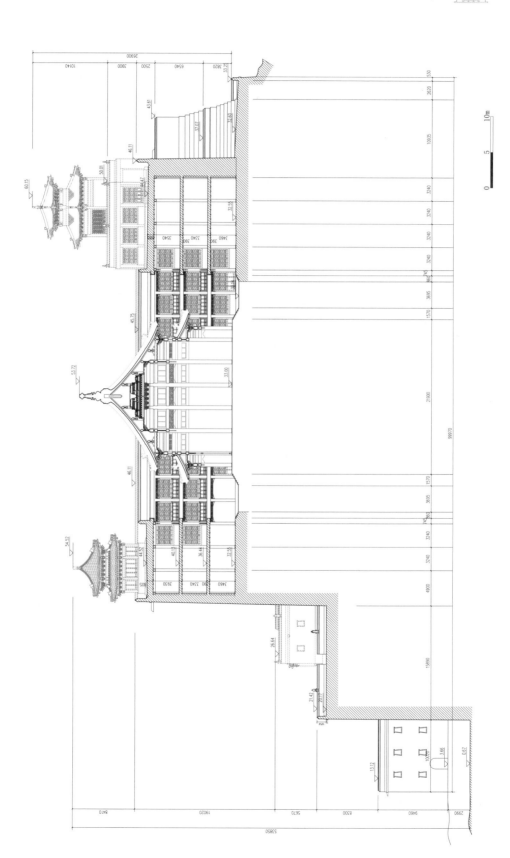

附图7　大红台2-2金顶南北剖面图

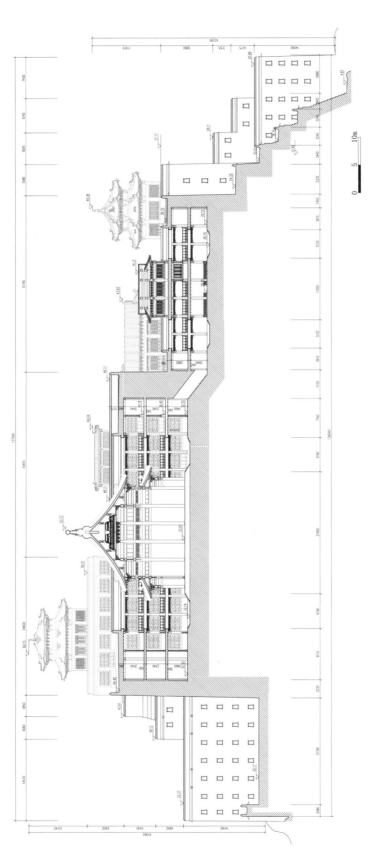

附图8 大红台3-3金顶东西剖面图

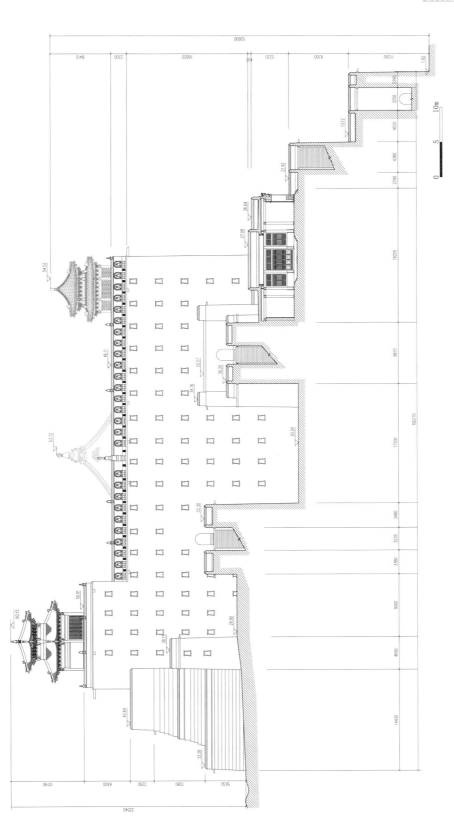

附图9　大红台4-4干佛阁剖面图

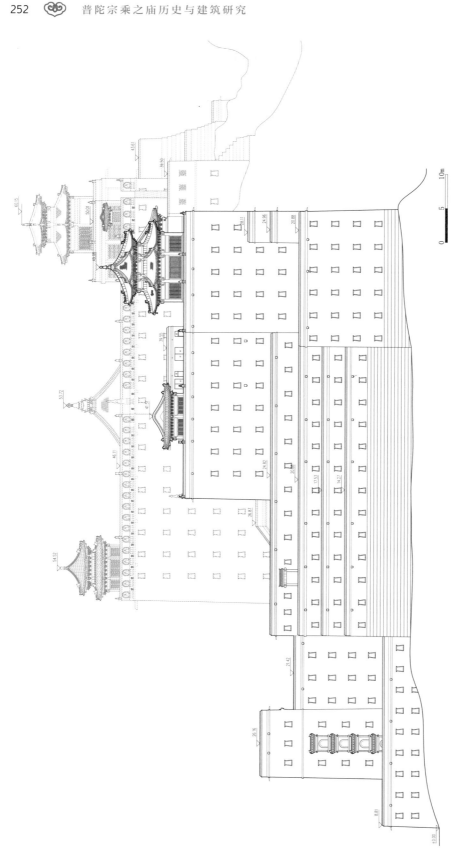

附图10 大红台东立面图

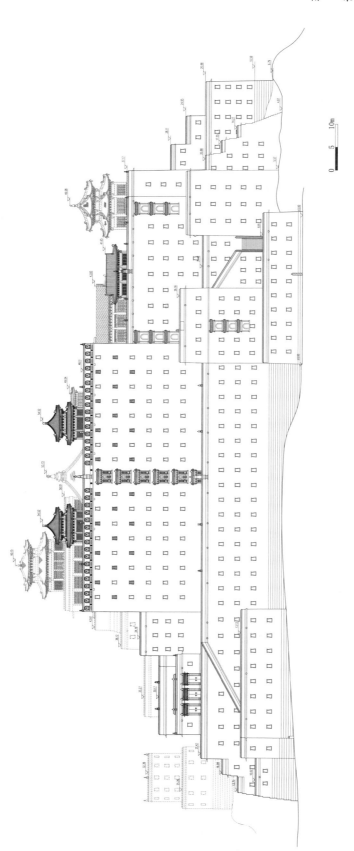

附图11　大红台南立面图

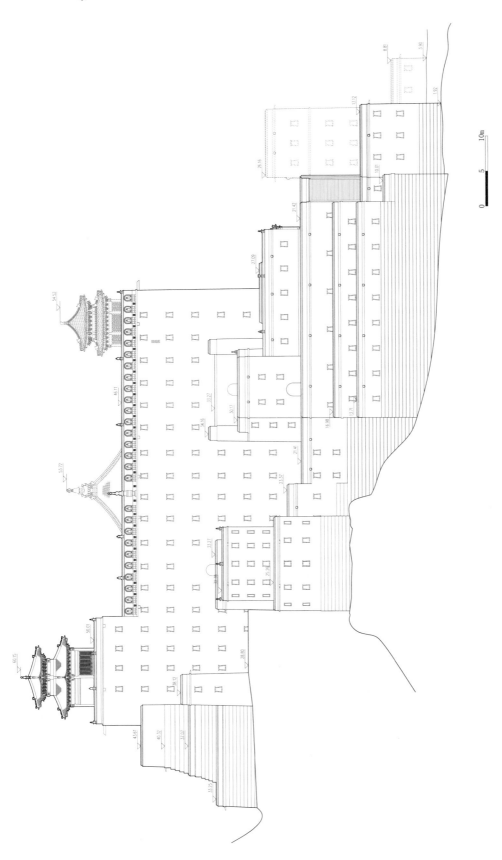

附图12 大红台西立面图

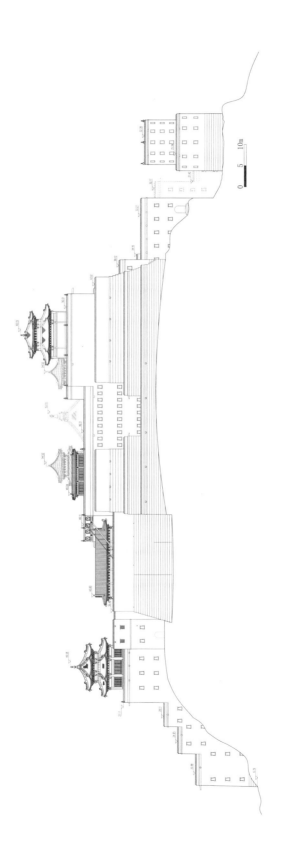

附图13 大红台北立面图